내가 사랑한 수학 이야기

"수학자가 보는 일상의 수학 원리"

내가 사랑한 수학 이야기

지은이 | **야나기야 아키라**
옮긴이 | **이선주**

청어람 e

지금까지 수학은 어떻게 사용되어 왔을까?

이 책은 지금껏 수학이 어떻게 사용되어 왔는지, 또 현재는 어떻게 쓰이고 있는지를 많은 이들이 조금이라도 알아주었으면 하는 마음을 담아 집필하게 되었습니다.

옛날 사람들은 수학이 생활과 긴밀하게 연관되어 있다는 느낌을 현대인보다 훨씬 많이 받았을 것입니다. 특히 고대의 지도자들에게 수학이란, 나라를 다스리기 위해 꼭 필요한 수단 중 하나였습니다. 예컨대, 거대한 피라미드를 만들기 위해서는 '피타고라스의 정리'가 꼭 필요했습니다. 한편, 이런 피라미드를 만드는 데 동원되었던 사람들이 피라미드 건설 기술을 자신의 고향으로 가지고 돌아가 실제 생활 속에서 사용함에 따라 사회 전반에 걸쳐 수학적 지식이나 기술이 발전해갔을 것입니다.

수학은 오랜 역사를 품고 있습니다.

인간과 함께 진보했고, 계속해서 새로운 이론과 방법이 만들어져 왔습니다. 그것은 많은 사람의 노고로 얻게 된 선물입니다.

지금 우리가 특별히 의식하지 않고 사용하는 인도·아라비아 숫자도 하루아침에 만들어진 것이 아닙니다. 미지수를 'x'로 두는 발상도 고대 사람들에게는 없었을 터입니다. 이렇게 수를 문자로 표현하기 시작한 지도 어느덧 500년이 지났습니다. 누구나 편리하게 사용할 수 있도록 수많은 학자가 연구를 거듭해서 얻게 된 성과입니다.

수학은 인류가 위기를 맞을 때일수록 더욱 진보했습니다. 페스트의 감염 경로를 알 수 없어 유럽 전체가 근심에 빠져있던 시대에는, 어느 정도의 속도로 감염자가 증가하는지를 알기 위해 뉴턴과 라이프니츠가 갓 만들어낸 미적분 개념을 곧바로 감염 모델에 응용하기도 했습니다.

수학을 엄청나게 좋아하지 않아도 괜찮습니다. 일부 수학자나 학교 선생님이 말하는 것처럼 수학이 아름답다고 생각하지 않아도 됩니다.

다만, 수학을 사용하는 것이 중요하다고 생각하는 사람이 많으면 많을수록 그 나라의 전반적인 기술 수준은 높아집니다. 미적분을 100명 중 1명이 사용하는 나라와 10명 중 1명이 사용하는 나라 중에 어느 쪽이 더욱 발전할지는 말할 필요도 없겠지요.

오늘날의 수학 교육도 사회 전반의 수준을 올리기 위해 애는 쓰고 있지만, 수학이 어디에 어떻게 쓰이고 있는지에 대해서까지 알려줄 여유는 없습니다. 하지만 우리는 매일 수학에게 신세를 지고 있습니다. 혹시 과거와 달리 현대 사회는 수학과 일상 사이에 깊은 틈이 벌어져 수학이 우리에게 큰 도움이 된다는 사실을 사람들이 점차 잊어가는 것은 아닐까요. 이 책이 그 틈을 메우는 데 조금이나마 도움이 되기를 바랍니다.

출간을 앞두고 출판사의 사토 긴페 씨에게 큰 도움을 받았습니다.

수학은 사람이 행복해지기 위한 도구입니다. 수학 지식이 늘어날수록 사회도 그만큼 행복해진다는 점을 부디 알아주었으면 좋겠습니다.

2015년 7월

야나기야 아키라

차례

PART 3 돈에 얽힌 수학

PART 4 자연과학과 테크놀로지의 수학

PART 5 그 유명한 정리는 정말 쓸모가 있을까?

PART 0

도대체 공리와 정리가 뭐지?

$$ax^2 + bx + c = 0$$

$$x = \frac{-b \pm \sqrt{b^2 - 4ac}}{2a}$$

용어부터 시작하자

- **이등변삼각형의 '정의'**

  적어도 두 개 이상의 변의 길이가 같은 삼각형을 이등변삼각형이라 한다.

- **이등변삼각형의 '정리'**

  이등변삼각형의 두 밑각은 같다.

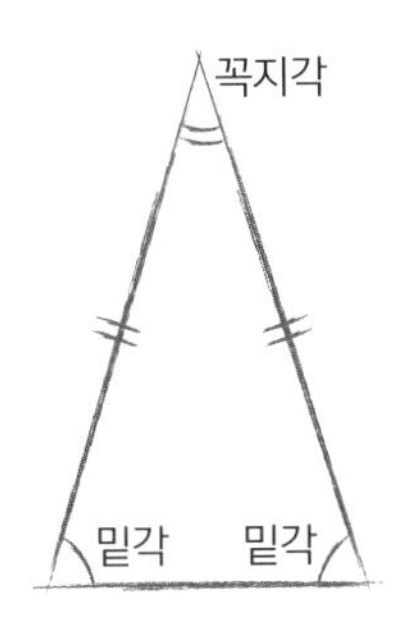

수학을 공부할 때 처음으로 해야 할 일은 약속한 사항을 배우는 것입니다. 그러지 않으면 아무것도 풀 수 없습니다. 특히 처음에 익혀야 할 것이 수학의 용어입니다.

'펜'이라는 단어를 들었을 때, 머릿속으로 사인펜을 떠올리는 사람이 있는가 하면, 누군가는 볼펜이나 연필을 떠올릴 수도 있습니다. 수학을 공부할 때는 이런 차이가 생기지 않도록 최대한 노력해야 합니다. '펜'이라고 말할 때 그 단어가 무엇을 나타내는지를 먼저 정해두어야 합니다.

이것을 수학에서는 **'정의'**라고 합니다. 정의가 없으면 용어가 구체적으로 무엇을 뜻하는지를 정확하게 전달할 수 없습니다. 같은 단어라도 사람마다 떠올리는 것이 다르면 그다음 행동까지 바뀌어버립니다.

다양한 분야에서 전문용어가 사용되는 이유는 말하고 싶은 바를 정확하게 전달하기 위함입니다. 전문용어를 사용하면 소통이 어려워진다고 생각할 수도 있겠지만, 그것이 무엇을 뜻하는지만 알면 오히려 주장을 제대로 이해할 수 있습니다. 요컨대, 정의가 있기 때문에 혼란을 일으키지 않지요.

예를 들어, 이등변삼각형의 정의는 '적어도 두 변의 길이가 같은 삼각형을 이등변삼각형이라고 한다'입니다. 이 정의를 통해 이등변삼각형이 특별한 성질을 가지는 삼각형임을 알 수 있습니다.

공리 · 정리 · 공식을 구별할 수 있을까?

유클리드 『원론』의 '공리'

1. 같은 것과 같은 것은 서로 같다.
2. 같은 것에 같은 것을 더하면 그 합은 같다.
3. 같은 것에서 같은 것을 빼면 그 나머지는 같다.
4. 다른 것에 같은 것을 더하면 그 합은 다르다.
5. 같은 것의 두 배는 서로 같다.
6. 같은 것의 반은 서로 같다.
7. 서로 꼭 맞게 겹치는 것은 서로 같다.
8. 전체는 부분보다 크다.
9. 두 개의 선분은 면을 만들지 않는다.

수학에는 정의 외에도 '공리' · '정리' · '공식'이라는 단어가 있습니다. 들어보기는 했어도 차이를 정확하게 이해하는 사람은 많지 않을 듯하네요. 이들은 어떤 관계일까요?

우선, 고대 그리스의 수학자 유클리드(Euclid)가 썼다고 알려진 수학서 『원론*Stoicheia*』에 적힌 공리를 살펴봅시다. 여기엔 '이런 당연한 것을 왜 굳이 글로 쓰는 걸까? 누구나 옳다고 인정하는 거잖아' 하고 생각할 만한 내용들이 잔뜩 쓰여있습니다. 이러한 공리를 사용하여 정의에서 끌어내는 것이 '정리'입니다.

이등변삼각형을 예로 들어볼까요. '이등변삼각형의 두 밑각은 같다.' 이 문장은 정리입니다. 이것은 이등변삼각형의 정의에 의해 증명되었습니다. 이렇게 정의에서 정리를 도출하기 위한 서술을 **'증명'**이라고 합니다. 정리를 증명하기 위해서 '여러분, 이것만은 인정해둡시다'라는 수단으로 하는 약속이 **'공리'**입니다.

높은 수준의 수학에서는 도저히 인정할 수 없다고 생각되는 것이 공리가 되기도 합니다. 수학의 이론에 의미가 있는지 없는지는 이 공리에서 이상한 점이 도출되지 않는지 여부로 판단합니다. 즉, 하나의 문장이 있다면 그것은 옳거나 틀리거나 어느 한쪽의 결과로 나와야만 합니다. 이를 수학에서는 '무모순'이라고 합니다.

여기까지의 이야기로 '정의'와 '정리'의 차이를 이해할 수 있나요? 정의는 단어의 의미를 명백하게 규정하는 개념이므로 증명할 필요는 없습니다. 정리는 정의에서 공리를 사용해 증명해야 합니다. 이때 이미 옳다고 증명된 다른 정리를 사용해도 됩니다. 그중에서도 자주 사용하는 정리 가운데 계산을 편리하게 도와주는 것을 '공식'이라고 합니다. 우선은 이들 '공리'、'정리'、'공식'、'정의'를 구별해서 이해해봅시다.

공리가 되지 못한 공준

유클리드의 평행선 공준(제5공준)

한 직선이 두 직선과 만날 때 같은 쪽에 있는
내각의 합이 두 직각(180도)보다 작으면,
이 두 직선을 끝없이 연장할 경우 두 직선은
내각의 합이 두 직각보다 작은 쪽에서 만난다.

바로 앞에서 유클리드의 『원론』에 적힌 공리는 누구나 인정할 만한 것들뿐이라고 했지만, 사실 예외도 있습니다. 모두가 옳다고 생각하는 문장도 길어지고 복잡해질수록 이해하기 위해서는 아주 고도의 지식이 필요하게 됩니다. 공리에 들어가 있는 것 자체가 이상해 보이기도 하지요.

그중 하나가 **'평행선의 공준'**입니다. 언뜻 보면 특별할 것 없는 이야기처럼 보입니다. 유클리드는 『원론』에서 증명하고 싶었던 것 같지만, 쉽게 풀리지 않았습니다. 그래서 공리에 넣지 못하고 공리보다는 정리에 다소 가까운 쪽으로 분류했습니다. 호칭도 평행선의 공리가 아니라 평행선의 공준이라고 했지요.

제5공준은 왜 중요할까?

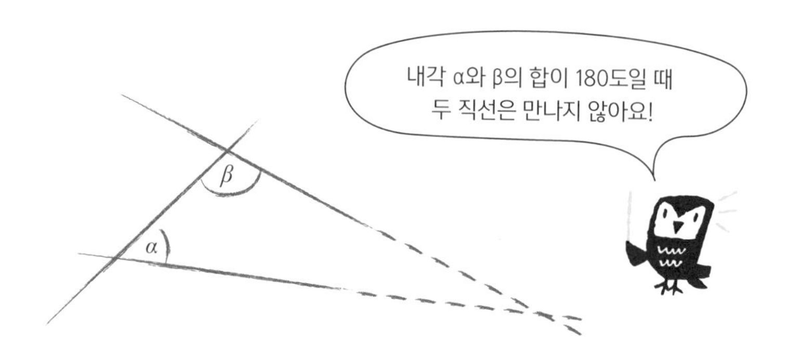

일반적으로는 '평행선은 만나지 않는 두 직선이다'라고 정의해도 문제가 없습니다.

그러면 두 직선은 어떤 때에 만나지 않을까요? 그것을 파악하려면 앞에서 본 공리나 뒤에서 언급할 공준을 고려해야 합니다.

내각 α(알파)와 β(베타)를 더해 정확히 180도가 될 때 두 직선은 만나지 않습니다. 유클리드는 '제5공준을 보여주면 되잖아'라고 주장하고 싶었겠지만, 증명은 하지 못했습니다. (그것이 훗날 큰 문제가 됩니다.)

간결한 문장의 다른 공준에 비해 지나치게 긴 문장의 제5공준은 너무나 당연하게도 이들 중에서 단연 눈에 띕니다. 다시 한번 유클리드의 공준 전체를 살펴볼까요.

1. 임의의 한 점에서 다른 한 점으로 직선을 그릴 수 있다.
2. 임의의 선분을 무한히 곧게 연장할 수 있다.
3. 임의의 중심과 반지름으로 원을 그릴 수 있다.
4. 모든 직각은 서로 같다.
5. 한 직선이 두 직선과 만날 때 같은 쪽에 있는 내각의 합이 두 직각(180도)보다 작으면, 이 두 직선을 끝없이 연장할 경우 두 직선은 내각의 합이 두 직각보다 작은 쪽에서 만난다.

1부터 4까지의 공준은 누구나 수긍할 만합니다. 5의 공준도 당연하다고 생각하면 당연한 문장이지만, 다른 것과 비교했을 때 문장이 길고 내용이 단순하지 않습니다. 후세의 수학자가 '유클리드는 제5공준을 정리로 만들고 싶었던 것이 아닐까? 증명하고 싶었던 것이 아닐까?' 하고 생각하는 것도 당연한 일이겠지요.

유클리드는 왜 그렇게 제5공준의 증명에 집착했던 걸까요? 그 이유는 제5공준과 동치(同値)인 정리에 기하학의 중요한 정리가 많기 때문입니다. 동치란 두 개의 정리 A와 B가 있을 때, 다음이 성립한다는 뜻입니다.

- A로부터 B를 증명할 수 있다.
- B로부터 A를 증명할 수 있다.

이것이 동시에 성립할 때, 정리 A와 정리 B는 동치라고 합니다. 서로를 증명할 수 있기 때문에 수학적으로는 같은 주장이라는 말이지요.

유클리드의 제5공준과 동치인 정리에는 다음과 같은 것이 있습니다. 모두 중학교 수학 수준으로 기하학의 중심이 되는 정리입니다.

- 어떤 직선 밖의 한 점을 지나면서 그 직선에 평행한 직선은 단 하나밖에 없다.
- 삼각형의 내각의 합은 180도다.
- 평행선이 만드는 동위각은 같다.

그 외에도 더 있지만, 이 세 가지만 해도 얼마나 중요한 정리와 동치인지를 알 수 있겠지요. 수학자들이 제5공준을 증명하고 싶어 하는 것은 당연한 일입니다. 다만, 그 시도는 실패로 끝났습니다. '증명할 수 없는 것이 아닐까?' 하고 생각하는 것도 이상하지 않지요.

그러던 중, 니콜라이 로바쳅스키(Nikolai Lobachevsky)와 야노시 보여이(János Bolyai)가 제5공준이 성립하지 않는다는 전제를 가지고 새로운 기하학을 만들었습니다. 그것이 바로 '비유클리드 기하학'입니다. 당연하게 여기던 것을 의심하여 새로운 수학 분야가 생겨난 것입니다.

수학을 현실에 응용한 오래된 정리

수학의 정리 중에서 피타고라스의 정리만큼 유명한 것은 없을 겁니다.

내용을 잘 모르는 사람이라도 이름 정도는 들어본 적이 있을 테지요. 이것이 인류가 처음으로 사용한 정리가 아닐까 하고 추측하는 사람도 있습니다.

참고로 피타고라스를 수학자나 철학자로 생각하는 사람들이 많을 텐데, 사실 그는 피타고라스학파라는 종교 사상 단체의 교주 같은 인물이었다고 합니다.

피타고라스의 정리는 세계 4대 문명에서도 사용되었습니다. 이집트에서는 피라미드와 같은 건축물을 바르게 세우기 위해 사용했고, 중국의 황하 문명에서도 다리를 놓기 위해 강의 폭을 측정하는 데 이용했습니다.

고대 문명 시대는 피타고라스가 태어나기도 전이지요. 즉, 그들은 '피타고라스의 정리'라는 이름이 붙기 훨씬 전부터 이 정리의 존재를 알고 있었던 것입니다.

다만, 알고는 있었으나 증명 방법까지는 알 수 없었겠지요. 피타고라스 역시 증명 방법을 알고 있었는지는 확인되지 않는다고 합니다.

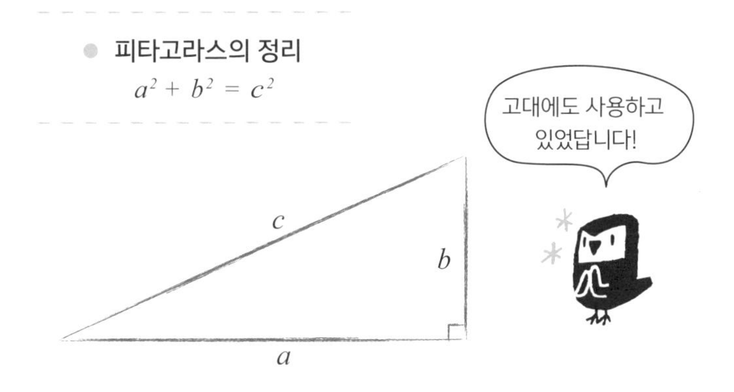

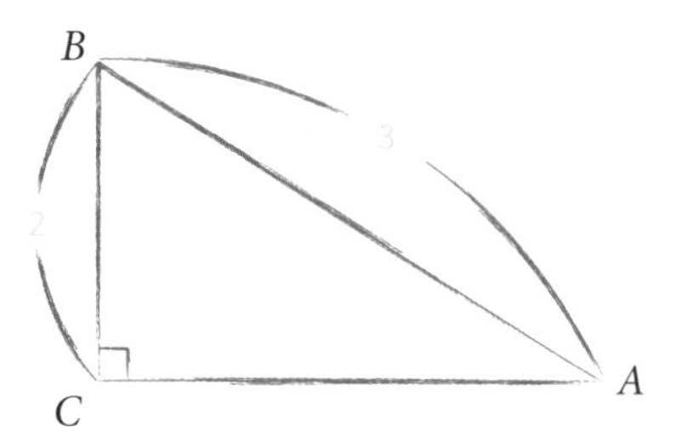

피타고라스의 정리는 수직을 만드는 것뿐만 아니라 두 점 사이의 거리를 측정하는 데도 사용합니다. 목수는 이 정리로 직각삼각형을 사용해 제곱근을 구해왔습니다. 여기서는 변의 길이가 제곱근으로 나오는 개평(開平, 제곱근의 풀이) 방법을 생각해보겠습니다. 피타고라스의 정리를 사용해서 길이가 제곱근이 되는 직각삼각형을 만들면 됩니다.

$\angle C$가 직각이고 빗변 AB=3, 높이 BC=2가 되는 직각삼각형을 위의 그림과 같이 그립니다.

그러면 피타고라스의 정리를 통해 다음과 같은 계산이 나옵니다.

$CA^2=AB^2-BC^2=3^2-2^2=9-4=5$

이 식에서 밑변 $CA=\sqrt{5}$가 되지요.

따라서 직각자로 처음에 높이 2가 되도록 B와 C를 정하고 C에서 수직선을 그어둡니다. 다음에 B에서 빗변 AB=3이 되도록 A를 정하면 되지요. 이렇게 하면 밑변이 5의 제곱근이 되는 직각삼각형을 그릴 수 있습니다.

목수의 지혜에도 피타고라스의 정리가 사용되었던 것이지요.

이차방정식은 넓이와 부피를 구하기 위해 태어났다

인류가 이차방정식을 풀어온 역사는 아주 먼 옛날로 거슬러 올라갑니다. 티그리스·유프라테스 강 유역의 메소포타미아 문명, 나일 강 유역의 이집트 문명, 황하 유역의 중국 고대 문명, 인더스 강 유역의 인더스 문명 등의 각 문명에서 이차방정식을 사용해 풀었던 문제가 남아있습니다.

예컨대, 기원전 1650년경 고대 이집트의 서기관 아메스(Aahmes)가 집필한 파피루스에는 일차방정식과 이차방정식이 모두 쓰여있습니다. 카훈 유적지에서 발견된 고대 이집트의 수도 테베의 파피루스에는 다음과 같은 이차방정식 문제가 적혀있었습니다.

'두 개의 정사각형 변의 비를 1:3/4으로 하고 넓이의 합을 100으로 만드시오.'

다시 말해, '두 개의 정사각형 땅의 넓이를 더한 합이 100이 되게 하시오'라는 문제입니다. 밭의 넓이의 합을 구하는 이 문제는 실제로 측정해서 풀 수 있는 게 아닙니다. 계산하여 방정식을 풀어야만 변의 길이를 구할 수 있습니다.

넓이와 부피를 구하는 식이 중요한 이유는 땅의 크기에 따라 징수할 세금이나 공물의 양이 결정되기 때문입니다. 고대 문명에서도 토지 측량 조사가 행해졌다는 말이지요.

또, 곡물을 저장하는 창고의 크기를 구하는 문제도 중요합니다. 계산을 통해 어느 정도의 곡물을 보관할 수 있을지 미리 파악해두어야만 수확한 곡물을 창고에 다 넣지 못하는 불상사를 막을 수 있습니다. 이는 창고의 부피를 수학적으로 계산하여 해결합니다. 이렇게 넓이나 부피는 고대 문명의 사람들에게도 친근한 '양'적 개념이었습니다.

수를 문자로 표현하는 발상의 탄생

- **이차방정식**

$$ax^2 + bx + c = 0$$

- **이차방정식 근의 공식**

$$x = \frac{-b \pm \sqrt{b^2 - 4ac}}{2a}$$

고대 문명의 점토판이나 파피루스에 이차방정식 문제가 적혀있던 이유를 이제 이해하게 되었나요?

그러면 그 풀이 방법은 어떻게 쓰여있었을까요? 실제로는 '이 숫자와 이 숫자를 이렇게 조합하시오' 하고 간단하게 쓰여있었을 뿐입니다. 숫자는 실제 수치가 사용되었지요. 이것을 사용해 다양한 이차방정식을 풀게 되기까지는 엄청난 연구가 필요했을 것입니다. 에도 시대의 와산[和算, 일본식 수학–옮긴이] 교과서에도 이와 비슷하게 문제에 대한 간단한 풀이의 해설과 답이 있을 뿐입니다.

독자 여러분은 학교에서 이차방정식을 배울 때 실제의 수를 사용한 풀이가 아니라 근의 공식을 배웠을 테지요. 이 공식은 프랑수아 비에트(François Viète)가 만들었습니다. 비에트는 16세기 프랑스의 앙리 3세와 앙리 4세 시대에 왕을 모시던 법률 고문이었습니다. 그는 이차방정식뿐만 아니라, 천문학에 사용되는 구면 삼각법, 원주율의 엄밀한 계산, 암호해독 등에도 재능을 발휘했습니다.

비에트의 근의 공식으로 어떤 일이 가능해졌을까요? 위와 같이 계수 a, b, c를 사용해 이차방정식의 해를 구할 수 있게 되었습니다. 1500년대 전반 이전에는 없던 것이지요. 왜냐하면, 알파벳을 계수로 사용한다는 발상 자체가 없었기 때문입니다. 'a라고 쓰면 어떤 수라도 표현할 수 있다'라는 생각을 하지 못했던 것이지요. 그래서 '이 수와 이 수를 조합해서'라고 실제 계산을 표현하는 방법 말고는, 해를 구하는 방법을 설명할 수단이 없었습니다.

종종 알파벳으로 계수를 표현하는 방법이 어렵다고 느끼는 분도 있겠지만, 사실은 그 반대랍니다. 예를 들어, 계수가 '1.9057'인 공식과 계수가 'a'인 공식 중에서 어느 쪽이 더 간단한가요? 당연히 계수가 a인 공식이 아닐까요?

게다가 알파벳을 사용하여 계수를 표현하면 하나의 식으로 모든 이차방정식을 표현할 수 있습니다. 이것을 **일반방정식**이라고 합니다. 이 일반방정식으로 모든 이차방정식을 풀 수 있습니다. 실제 수를 계수로 사용하여 이차방정식을 모두 쓰려고 하면 아무리 시간이 있어도 부족합니다.

근의 공식에는 근호($\sqrt{\ }$)가 사용되므로 이 공식을 제대로 쓰기 위해서는 제곱근이 필요합니다. 하지만 근의 공식을 배우기만 하면 수학에 재능이 없더라도 이차방정식을 풀 수 있습니다. 다시 말해, 누구나 조금만 노력하면 이차방정식을 풀 수 있게 해준 것이 천재 비에트의 힘이라고 할 수 있겠네요.

문자로 모든 수를 표현한다는 비에트의 아이디어로 수학은 놀랄 만한 진보를 이루게 됩니다. 이 일은 당연한 것이 아닙니다. 우리가 아무렇지도 않게 사용하는 수학의 표현 방법들이 사실은 수많은 천재의 노력으로 얻은 결과물입니다. 그 수학자들에게 감사하면서 공식도 소중히 사용해야겠지요.

자연수·정수·분수·소수

● **실수**

유리수 …… 유한소수와 순환소수

무리수 …… 순환하지 않는 무한소수

갓난아이였던 인간이 점차 성장하면서 어느 순간 자신과 타인을 구별하기 시작합니다. 그 시기가 숫자 '2'를 인식할 무렵이라는 의견도 있습니다. 2 외에도 '1, 2, 3, 4, 5, ……'와 같이 더 많은 수를 셀 수 있게 되는데, 이것을 **자연수**라고 부릅니다. 일반적인 교과서에서는 자연수가 1에서 시작하지만, 수학자 중에서는 0에서 시작해야 한다고 주장하는 사람도 있습니다. 각각의 수학 연구에 알맞은 정의를 고른 것이겠지요. 교과서 속에 쓰여있는 내용이 절대적이지는 않다는 말입니다.

중학생이 되면 자연수에 0을 추가하고 거기에 음의 수를 배웁니다. '……, −3, −2, −1, 0, 1, 2, 3, ……' 같은 수를 **정수**라고 합니다. 정수끼리는 +, −, ×의 계산을 해도 답은 정수가 됩니다. 그러나 ÷의 계산을 하면 이상한 일이 일어납니다. 정수와 정수의 나눗셈을 하면 답이 정수가 아닐 때도 있습니다. 초등학교 시절에 배웠던 나눗셈을 떠올려볼까요. 예를 들면 다음과 같은 문제입니다.

'17개의 귤을 5명이 같은 수로 나눈다면 몇 개씩 가질 수 있을까요? 또, 몇 개가 남을까요?'

이 경우는, 17을 5로 나누면 다음과 같이 계산할 수 있습니다.

$17 \div 5 = 3 \cdots 2$

5명이 3개씩 나누어 가질 수 있고, 2개가 남지요. 이 '3'이란 값을, 17을 5로 나눈 **몫**이라고 하고 '2'를 **나머지**라고 합니다.

이 문제에서는 귤이나 사람이 나오기 때문에 ○개씩 나누고, △개가 남는다고 말하지만, 17을 5로 나누는 것만 생각하면 다음과 같은 수로 답을 나타낼 수 있습니다.

$\frac{17}{5}$ 또는 $3\frac{2}{5}$

이런 수가 **분수**입니다. 분수는 정수에는 없는 수입니다. 그 외에도 2/3나 9/7, 4/2 같은 수도 분수입니다. 4/2는 2와 같은 값으로, 정수를 분수로 표현할 수도 있습니다. 이렇게 정수의 비로 나타내는 수를 **유리수**라고 합니다.

더 나아가 분수를 다른 형태로도 표현할 수 있습니다. 3.4처럼 소수점을 사용해 표현하는 수를 **소수**라고 합니다. 5를 2로 나눈 수는 소수로 2.5가 되고, 분수로는 5/2가 되지요.

유리수는 두 종류의 소수로 표현됩니다. 2.5처럼 소수점 이하의 수가 끝이 있는 **유한소수**($\frac{17}{5}=3.4$)와 소수점 이하에서 같은 수가 끝없이 반복되는 **순환소수**($\frac{7}{11}=0.636363\cdots\cdots$)입니다.

그 밖의 소수로는 소수점 이하에 규칙성이 없는 수가 계속되는 수도 있습니다.

$\sqrt{3}=1.73205\cdots\cdots$

$\pi=3.141592\cdots\cdots$

이런 수를 **무리수**라고 합니다. 그리고 유리수와 무리수를 합해 실수라고 합니다. 이 실수가 선의 수직선을 완전히 채우고 있지요.

분수와 소수의 시작

분수는 고대부터 사용되었습니다. 당시에도 어느 문명이나 특유의 길이 단위가 있었습니다. 하지만 건물을 건설할 때 자로 측정하면 아무리 해도 딱 떨어지기 어려운 길이가 될 때가 있습니다. 그럴 때 최소 단위를 반으로 나누거나 10분할해서 더 작은 단위로 측정하는 건축가도 있습니다. 이런 경우 분수가 필요합니다. 하지만 당시엔 분명한 소수의 개념은 없었습니다.

지금 우리가 사용하는 수학은 주로 유럽에서 발전되어 온 것입니다. 고대 동양 문명에서 시작되어 발전한 수학은 점점 잊히는 대신 서양의 것을 받아들였습니다. 그런데 소수점 이하를 10으로 나누어 생각하는 방법이 처음으로 기술된 책은 바로 중국의 것입니다. 『삼국지』로 유명한 위나라의 유휘(劉徽)라는 수학자가 집필한 『구장산술주(九章算術註)』라는 책에 다음과 같이 기록되어 있습니다.

'한 단위로 측정할 수 없을 정도로 작은 나머지가 나오면 그 단위를 다시 10으로 나눈다. 10으로 나눈 단위로 나머지를 측정하여 또 나머지가 남으면 10으로 나눈 단위를 또 10으로 나눈다. 이렇게 반복하면 길이를 측정할 수 있다.'

이 책을 통해 오늘날 사용하는 소수의 출발점이 중국일 가능성이 높다는 사실을 알 수 있습니다.

어두운 역사를 빠져나온 음수

고대 문명인들에게 있어 수는 개수, 길이, 넓이 등의 개념과 깊숙이 연결돼 있었기 때문에, 음수는 오히려 부적절한 개념으로 여겨졌습니다. 방정식을 풀었을 때 답이 음수가 나오면 부적절한 답이라며 버려질 정도였습니다.

이러한 음수가 시민권을 얻게 된 것은 르네상스 운동으로 과학 분야가 부흥될 무렵입니다. 이전까지는 움직이는 방향이 역방향일 때의 속도를 구별할 수가 없었습니다. 그러나 음수를 사용하면 오른쪽을 양의 방향, 왼쪽을 음의 방향으로 나누어 양과 음으로 방향을 표시할 수 있습니다.

또, 음수가 부각되면서 수학에서 '증가'가 반드시 늘어나는 것이라고 할 수 없게 되었습니다. 예컨대, '마이너스 2 증가'라는 표현으로 '2만큼 감소'를 나타낼 수 있게 되었습니다. 이제 음수는 없어서는 안 되는 수가 되었지요.

로마 숫자는 하루아침에 완성된 것이 아니다

$$\begin{array}{r} 572 \\ +285 \\ \hline 857 \end{array}$$

여러분이 매일 아무렇지도 않게 사용하고 있는 숫자는 복잡하게 생각하지 않아도 바로 이해할 수 있습니다. 예컨대 '572'라고 하면 100이 5개, 10이 7개, 1이 2개라는 뜻이지요. 이 572에 285를 더하면 옆의 표기와 같습니다. 초등학교 교과서에 나올 만한 평범한 계산이지만, 사실 이런 계산이 가능한 것 자체가 그리 당연한 일은 아니었습니다.

숫자의 종류에는 여러 가지가 있습니다. 가장 유명한 숫자가 필산(숫자를 종이에 써서 하는 계산– 옮긴이)에 사용되고 있는 인도·아라비아 숫자입니다. 이 외에도 앞에서 언급한 '285'를 예로 들면 '二百八十五'라고 표기하는 한자 숫자도 있고, 'CCLXXXV'로 표기하는 로마 숫자도 있습니다.

- **인도·아라비아 숫자** 285
- **한자 숫자** 二百八十五
- **로마 숫자** CCLXXXV

현재 우리가 알고 있는 로마 숫자 표기법은 고대 로마 시대에 쓰던 방식이 아닙니다. 고대 로마에서 처음 쓰이기 시작했으나 이후 유럽에서 통용되면서 영국 빅토리아 시대 무렵까지 조금씩 바뀌어 현재의 표기법이 완성되었습니다. 표기법의 기본 방식은 1에서 3까지는 'Ⅰ, Ⅱ, Ⅲ'처럼 막대가 하나씩 늘고, 5는 'Ⅴ'로 씁니다. 4는 Ⅴ보다 하나 앞이라는 의미로 'Ⅳ'가 됩니다(로마인들은 중요한 날을 기준으로 삼아 '앞으로 며칠'이라고 세는 경우가 많았다고 합니다).

반대로 6, 7, 8은 Ⅴ의 뒤에 막대를 더해 'Ⅵ, Ⅶ, Ⅷ'로 표시합니다. 10은 'Ⅹ'로, 9는 Ⅹ보다 하나 앞이므로 'Ⅸ'가 됩니다. 100은 'C', 10과 100의 중간인 50은 'L'로 표기합니다.

이렇게 로마 숫자는 자릿수가 바뀌면 문자도 바뀝니다. 백이나 십의 자릿수를 나타내는 숫자는 그 자릿수의 수에만 써야 합니다. 필산을 하려면 정해진 자릿수의 문자를 세거나 그 자릿수의 숫자를 더하여 해당하는 위치에 맞게 써야 하지요. 그대로 계산하기는 매우 불편하겠지요. 로마 숫자는 계산을 위한 숫자라기보다는 기록하기 위한 숫자입니다. 따라서 계산이 필요할 땐 로마 숫자 대신 주판의 기원이 된 아바쿠스라는 도구를 사용했습니다.

인도·아라비아 숫자의 장점과 단점

위치 기수법(10진법)

10진법에서 537의 의미는 다음과 같다.

$537 = 5 \times 10^2 + 3 \times 10^1 + 7 \times 10^0$

각 자리의 값(10^2, 10^1, 10^0)을 쓰지 않아도 알 수 있다.

인도·아라비아 숫자는 숫자의 위치로 그 숫자가 가지는 값을 알 수 있다는 장점이 있습니다. 이것을 위치 기수법이라고 합니다. 예를 들어 '285'라고 썼다면 그 의미는 다음과 같습니다.

$285=2\times10^2+8\times10^1+5\times10^0$

각 자리의 값 100, 10, 1은 쓰지 않아도 됩니다.

필산을 할 때, 덧셈에서는 세로로 숫자를 늘어놓고 같은 줄에 놓인 수끼리 더하면 됩니다. 아래 자리의 계산이 10을 넘으면 위 자리로 차례차례 올라갑니다. 인도·아라비아 숫자는 현재 사용되는 숫자 중에서 기능적으로 필산을 할 수 있는 유일한 숫자입니다.

그러나 초기에는 이 숫자에도 부족한 점이 있었습니다. 숫자가 없는

2005 / 205 / 25

↓

2　5 / 2 5 / 25

자리는 어떻게 표기하면 좋을까 하는 문제였지요. 예를 들어 이천오와 이백오와 이십오는 어떻게 구별해야 할까요?

지금은 0을 쓰는 것을 당연하게 생각하지만, 옛날에는 위의 표기에서 볼 수 있듯이 수가 없는 자리는 공간을 띄워 표기했습니다. 그러나 이 방법은 사람에 따라 빈칸의 폭이 달라 오류의 원인이 됩니다. 그래서 '이 자리에는 숫자가 없습니다'라는 의미로 '0'을 사용하기 시작했지요. 이것이 바로 흔히 말하는 '0의 발견'입니다.

'귤이 11개 있었는데 모두 먹어서 없어지면 0개'에서의 0과, 위치 기수법의 0은 그 의미와 사용 방법이 다릅니다. 0을 쓰기 시작하면서 인도·아라비아 숫자의 위치 기수법은 사용하기가 매우 편리해졌습니다. 우리는 0을 위치 기수법을 통해 훌륭하게 사용했던 선조들 덕분에 한층 간단하고 편리하게 숫자를 사용할 수 있게 되었습니다.

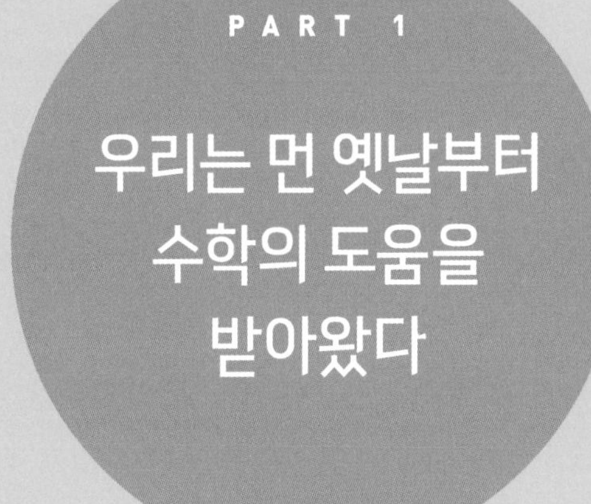

PART 1

우리는 먼 옛날부터 수학의 도움을 받아왔다

씨 뿌리는 시기를 피타고라스의 정리로 알아내다

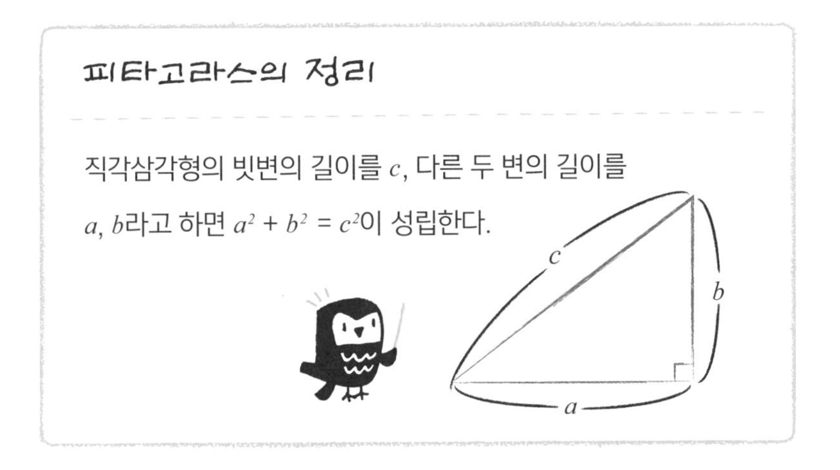

계절을 가늠하는 기적의 막대

초기의 고대 인류는 수렵과 채집으로 생활을 영위했습니다. 그러다 농경 생활을 시작하면서 인구가 점차 늘어나자 그에 따라 농업 방식도 조금씩 조직적으로 바뀌었습니다. 나아가 씨를 뿌리는 계절이나 일 년간의 기상 변화를 알아야 할 필요도 생겼지요.

고대 4대 문명은 큰 강 주변으로 번성했습니다. 우기에 강이 범람하면 영양소를 충분히 품은 흙이 떠내려와 씨를 뿌리기에 알맞은 토지가 되기 때문이지요. 해마다 비슷한 시기에 우기가 찾아오기에 춘분, 하지, 추분,

동지 같은 계절 변화를 아는 일 또한 중요해졌습니다.

고대의 지도자 중에는 천문 지식이 상당히 높은 사람이 있었을 듯한데, 그들은 어떻게 하지나 동지를 알아냈을까요? 답은 지면에 수직으로 세운 막대에 있습니다. 그 막대의 그림자를 하루 중 태양이 가장 높은 위치(남중)에 올 때 측정합니다. 하지는 일 년 중에서 그림자가 가장 짧아지는 시기입니다. 때문에 그림자의 길이를 정확하게 재어 계절의 변화를 바르게 알 수 있었지요.

수직을 찾기까지

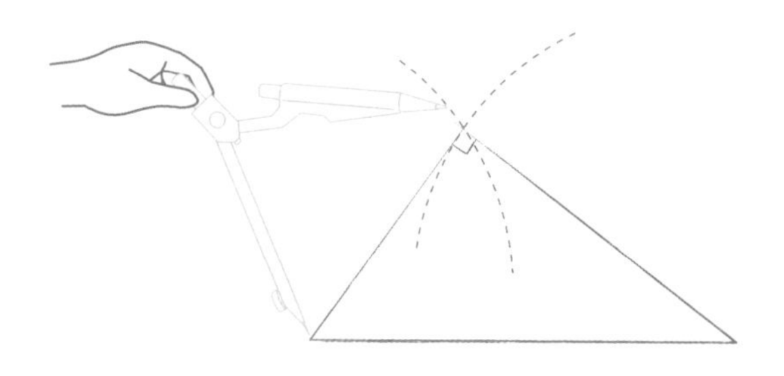

막대를 정확하게 수직으로 세우면 현재 자신이 있는 곳의 위도도 알 수 있습니다. 막대를 수직으로 세우는 데 필요한 것은 무엇일까요? 바로 삼각자입니다. 여러분 또한 초등학교에서 삼각자 두 개를 함께 사용해 직각으로 만나는 선을 그어본 기억이 있을 겁니다.

하지만 고대에는 삼각자가 없었기 때문에 스스로 직각삼각형을 만드는 일부터 시작해야 했습니다. 일반적으로 사용하는 두 종류의 삼각자는 변의 길이 비가 $1 : 1 : \sqrt{2}$와 $1 : \sqrt{3} : 2$ 입니다. 고대에도 컴퍼스는 있었으니 변의 길이만 알면 위의 그림처럼 밑변의 양쪽 끝을 중심으로,

변의 길이가 반지름이 되는 원을 그리고, 두 원이 만나는 점을 연결하여 삼각형을 정확하게 그릴 수 있었겠지요.

그러나 $\sqrt{2}$ (=1.414…)와 $\sqrt{3}$ (=1.732…)은 소수점 아래의 수가 무한히 계속되는 무리수이므로, 변의 길이를 컴퍼스로 정밀하게 옮길 수가 없었습니다. 변의 길이가 자연수인 경우에만 직각삼각형을 정확하게 그릴 수 있었던 것이지요. 여기서 필요한 것이 **피타고라스의 정리**입니다.

피타고라스의 정리가 편리한 이유는 직각삼각형 세 변의 길이 a, b, c에 대해 $a^2+b^2=c^2$이 성립할 뿐만 아니라, 반대로 어떤 삼각형의 세 변이 이 식을 만족하면 그 삼각형은 직각삼각형이 되기 때문입니다.

즉, $a^2+b^2=c^2$을 만족하는 세 개의 자연수를 구하면, 길이를 정확하게 컴퍼스로 옮길 수 있는 직각삼각형의 세 변을 알 수 있습니다. 예를 들어 $3^2+4^2=5^2$이 성립한다는 것은 변의 길이가 3, 4, 5인 삼각형을 그리면 길이가 5인 변과 마주 보는 각이 직각이 된다는 말입니다. 이 방법은 과거의 목조 건축술에서도 활용되었습니다.

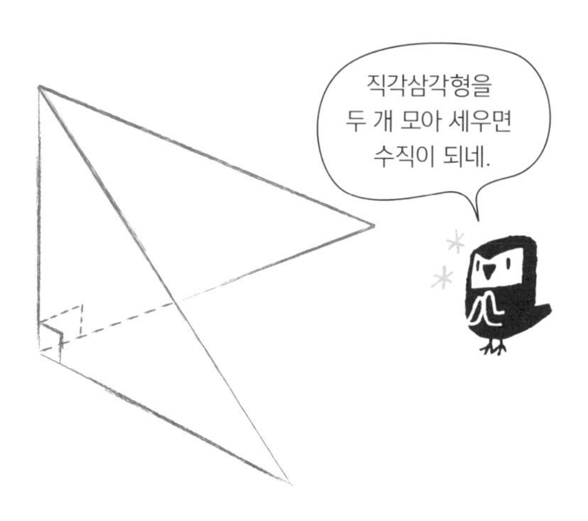

그러면 직각삼각형을 이용해 실제로 막대를 지면에 수직으로 세우려면 어떻게 해야 할까요? 직각삼각형을 하나만 세워서는 안정적으로 고정할 수가 없습니다. 해결 방법은 앞 페이지의 그림처럼 직각삼각형 두 개를 조합하여 움직이지 않도록 세우는 것입니다. 그러면 한 치의 오차 없이 막대를 지면에 수직으로 세울 수 있습니다.

직접 확인할 수는 없지만, 이 방법이라면 고대의 사람들도 확실하게 수직 막대를 세울 수 있었겠지요. 다시 말하면, 피타고라스가 태어나기 전에도 이미 피타고라스의 정리를 아는 사람이 있었다는 말이네요.

매일 태양이 가장 높이 뜨는 시간에 막대의 그림자 길이를 측정하여 그 그림자의 길이가 일 년 중 가장 짧은 날이 '하지'가 됩니다(정확하게는 더 복잡한 계산이 필요합니다). 이런 방법으로 고대 사람들도 계절을 알 수 있었기에, 씨 뿌리는 시기를 놓치지 않고 농사를 지을 수 있었답니다.

세금징수를 위해 발전된 넓이 공식

다각형의 넓이 공식

- 정사각형의 넓이
  한 변의 길이×한 변의 길이

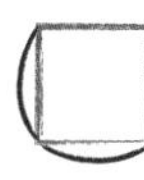

- 직사각형의 넓이
  가로의 길이×세로의 길이

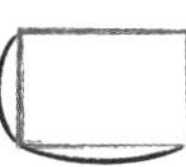

- 평행사변형의 넓이
  밑변의 길이×높이

- 삼각형의 넓이
  밑변의 길이×높이÷2

권력자는 왜 넓이 계산에 집착했을까?

현대 사회는 세금을 돈으로 내는 것이 기본이지만, 예전에는 쌀 같은 곡물을 재배해 현물로 세금을 냈습니다.

쌀로 세금을 낼 때 중요한 것은 무엇일까요? 바로 세금 수입을 계산하기 위해 어느 정도의 쌀을 수확할 수 있는지 예측하는 것입니다. 그러기 위해서는 다양한 형태의 논밭 넓이를 계산할 수 있어야 합니다.

그것은 고대에도 마찬가지였습니다. 국가가 자기 나라의 논밭 넓이를 정확히 파악하여 세금을 거두는 데 꼭 필요한 것이 '넓이 계산법'이지요. 고대 문명에서 사용했던 공식 중에는 맞는 식도 있고, 틀린 식도 있습니다. 정사각형이나 직사각형은 바르게 계산되었지만, 그 외 사각형의 넓이는 그렇지 않았습니다. 삼각형의 경우도 직각삼각형은 정확했지만, 그 외의 삼각형은 잘 맞지 않았지요.

얕볼 수 없는 고대 중국의 넓이 공식

● **활꼴**

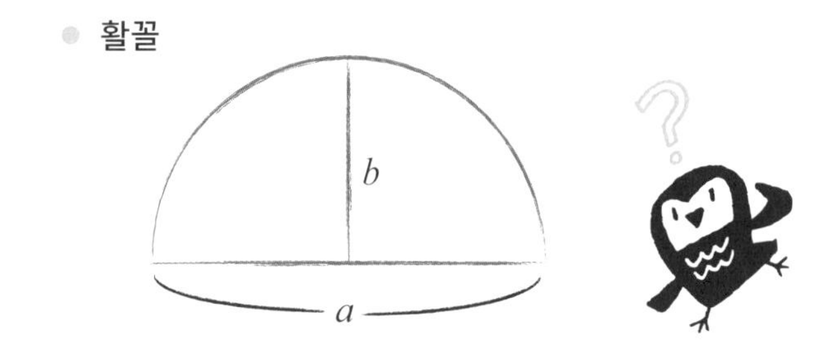

고대 중국 한나라 시대에 완성되었을 것으로 추정하는 동양에서 가장 오래된 수학서 『구장산술』에서 한 가지 예를 찾아볼까요. 이 책은 이름처럼 아홉 개의 장으로 나뉘어있는데, 첫 번째 장 「방전方田(네모반듯한 논밭-옮긴이)」에는 다양한 넓이 계산법이 수록되어 있습니다. 위 그림과 같은 활꼴 모양 밭의 넓이 계산식은 다음과 같이 쓰여있습니다.

$$\frac{1}{2}(ab+b^2)$$

이 공식이 어느 정도 정확한지 알기 위해 호가 만드는 중심각이 120도일 때의 넓이를 계산해보면 옆 페이지의 계산식과 같습니다. 정확하게 일치하지는 않지만, 상당히 근사한 값이지요. 논이나 밭의 넓이를 측량하기에는 충분한 정확도입니다.

이 같은 예에서 살펴본 바와 같이 구장산술의 계산력은 아주 높은 수준이며 공식은 충분히 근사식이라고 할 수 있습니다. '넓이를 정확하게 계산해야 한다'는 요구가 수학의 진보로 이어진 것이지요.

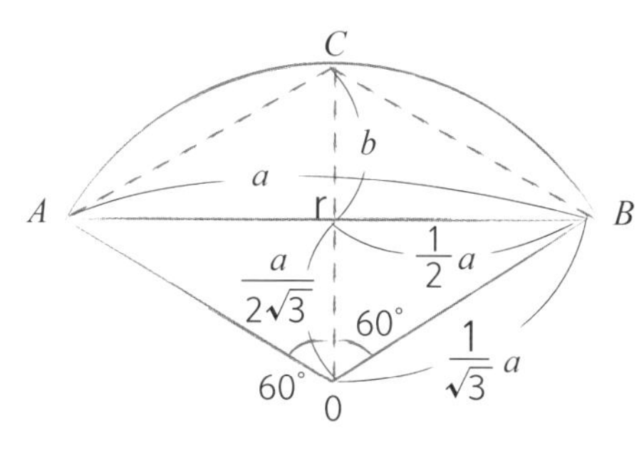

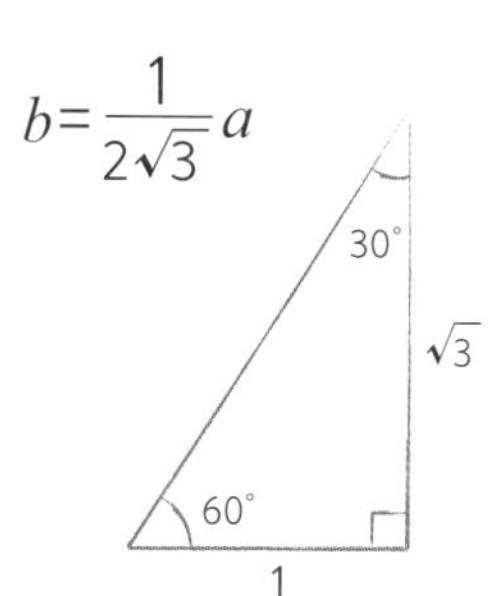

중심각이 120도일 때 활꼴 ACB의 넓이를 현대의 계산과 구장산술의 계산으로 각각 구해보았습니다. 삼각형의 긴 쪽 한 변의 길이 AB를 a라고 하면 원의 반지름은 $OB=\frac{1}{\sqrt{3}}a$가 됩니다.

【현대의 계산】

활꼴 ACB

$=$부채꼴 $OACB-\triangle OAB$

$$=\frac{120^\circ}{360^\circ}\times\left(\frac{1}{\sqrt{3}}a\right)^2\pi-\frac{1}{2}\times a\times\frac{1}{2\sqrt{3}}a$$

$$=\frac{1}{3}\times\frac{\pi}{3}a^2-\frac{1}{4\sqrt{3}}a^2=\left(\frac{\pi}{9}-\frac{\sqrt{3}}{12}\right)a^2$$

$\pi=3$, $\sqrt{3}=1.73$ 이라고 하면

활꼴 $ACB\fallingdotseq\left(\frac{1}{3}-\frac{\sqrt{3}}{12}\right)a^2=\frac{4-\sqrt{3}}{12}a^2=\frac{2.27}{12}a^2$

【구장산술의 계산】

활꼴 ACB

$$=\frac{1}{2}\left(ab+b^2\right)=\frac{1}{2}\left(a\times\frac{1}{2\sqrt{3}}a+\left(\frac{1}{2\sqrt{3}}a\right)^2\right)$$

$$=\frac{1}{2}\left(\frac{\sqrt{3}}{6}+\frac{1}{12}\right)a^2=\frac{2\sqrt{3}+1}{24}a^2$$

$\sqrt{3}=1.73$ 이라고 하면

활꼴 $ACB\fallingdotseq\frac{2.23}{12}a^2$

우리가 몰랐던 동서양의 원주율 경쟁

원주율(π)

원주율 π=3.141592……

원의 둘레=$2\pi r$ (반지름=r일 때)

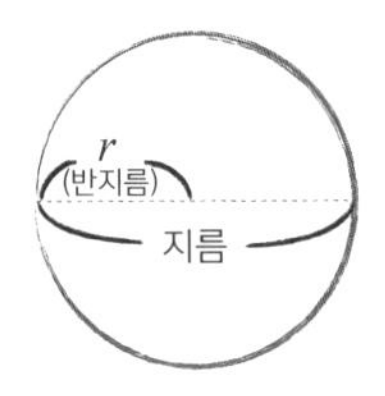

동서양을 막론하고 이목을 끌었던 π

먼 옛날의 수학은 인도·아라비아 숫자나 삼각비 등과 같이 아라비아인에 의해 본격적으로 발전했지만, 현대 수학은 주로 유럽에서 성장해왔습니다. 일본의 현대 수학은 메이지유신을 맞이한 무렵에 외국에서 들여와 '서양 수학'으로 불렸습니다.

이와 대비되는 개념으로 주로 에도 시대에 발전한 일본의 전통 수학을 '와산'이라고 합니다. 일본식 셈이라는 뜻이지요. 이것은 옛날 중국에서 들여온 수학이 일본에서 고유한 발전을 이룬 것입니다.

그런데 서양 수학과 동양 수학 모두에서 주목한 것이 **'원주율(π)'**입니다. 원의 지름과 둘레, 반지름과 넓이의 관계를 나타내는 데 사용하므로 어디서나 중요한 수로 인정되었지요. π는 자연수의 분수로는 나타낼 수 없는 무리수로, 소수점 이하가 무한하고 불규칙하게 계속된다고 알려져 있습니다.

아르키메데스 vs 유휘

나누어떨어지지 않는 원주율 값에 근접한 근삿값을 찾은 고대 수학자로 아르키메데스(Archimedes)를 꼽을 수 있습니다. 그는 정육각형에서 시작해 꼭짓점의 수를 12개, 24개, 48개, 96개로 늘려가며, 원에 가까운 정다각형을 만들어 원주율의 근삿값을 구하려고 했습니다.

원주율 이야기로 중국인의 이름이 언급되는 일은 흔하지 않지만, 동양 수학의 뿌리인 중국에도 뛰어난 전통 수학이 있습니다. 5세기에 태어난 수학자 조충지(祖沖之)는 π를 3.141592로 소수점 이하 여섯 자리까지 정확하게 구했지요. 이것을 유럽 수학이 따라잡은 것은 무려 1,100년이 지난 후였습니다.

또, 3세기에는 앞에서도 언급한 세계적인 수학자인 위나라의 유휘가 있었습니다. 유휘가 『구장산술』을 해석하여 쓴 『구장산술주』에도 원주율을 계산하는 방법이 실려있습니다. 기본적으로는 아르키메데스의 방법과 같습니다. 다음 페이지의 그림처럼 원의 내측과 외측에 정육각형을 그립니다. 외측 정육각형의 둘레 길이와 내측 정육각형의 둘레 길이 사이에 실제 원의 둘레가 있겠지요. 정육각형을 정십이각형, 정이십사각형, 정사십팔각형, 정구십육각형으로, 다시 말해 정n각형의 꼭짓점 수를 두 배씩 늘리면 정다각형은 점차 원에 가까워져 갑니다.

아르키메데스와 유휘 사이에는 500년 정도의 시간 차가 있지만, 둘 다 정n각형의 n을 늘려가다가 96에서 멈췄습니다. 하지만 유휘는 n을 무한히 증가시키면 정확한 원의 둘레를 구할 수 있을 것으로 생각했지요(유휘가 192각형까지 계산했다는 설도 존재함– 옮긴이).

유럽인들은 어떤 까닭에선지 무한이라는 개념을 피하려고 했지만, 유휘는 '소수점 이하에 얼마든지 수를 계속 붙일 수 있다'라는 글을 남겼습니다. 그래서 n을 점점 크게 늘려가면 원주율의 근삿값에 점점 가까워진다는 발상을 했던 것이지요. 수학은 뭐든지 유럽에서 시작되었다는 생각은 큰 착각이랍니다.

속력·거리·시간의 공식과 세금의 평등

속력·거리·시간의 공식

거리 = 속력 × 시간

‘속력’과 ‘속도’는 다른 말일까?

먼저 용어 설명부터 해야겠네요. 전철이나 자동차가 움직이는 빠르기를 설명할 때 ‘속력’이나 ‘속도’라는 단어를 사용합니다. 이 두 단어에는 어떤 차이가 있을까요? 일반적으로 사용할 때는 같은 의미로 생각할 수도 있지만, 물리나 수학에서 사용할 때는 구별해야 합니다.

‘속력’에는 방향이 없고 ‘속도’에는 방향이 있습니다. 예를 들어, 도쿄에서 오사카로 가는 고속열차의 방향을 플러스라고 하면, ‘속도’는 시속 250km로 표기하지요. 반대로 열차가 오사카에서 도쿄로 향할 때 속도는 시속 마이너스 250km가 됩니다. 하지만 ‘속력’의 개념에서는 방향은 상관없이 시속 250km가 됩니다.

‘속력·거리·시간의 공식’을 사용하여 다음 문제를 풀어봅시다.

자동차가 시속 25km로 2시간 달렸을 때 이 자동차의 주행거리는 몇

km일까요?

25×2=50

이 자동차는 50km를 달렸네요. 이 경우 '속력×시간=거리'의 방식으로 계산했습니다.

그러면 다음 문제를 봅시다.

자동차가 시속 25km로 150km의 거리를 달리는 데는 몇 시간이 걸릴까요?

150÷25=6

6시간이 걸리겠지요. 이 경우에는 '거리÷속력=시간'의 방식으로 사용했습니다.

한 문제 더 풀어볼까요.

75km 떨어진 장소로 가는 데 자동차로 5시간 걸렸습니다. 이 자동차는 시속 몇 km로 달렸을까요?

75÷5=15

시속 15km로 이동했지요. 이때는 '거리÷시간=속력'의 방식으로 계산했습니다.

이렇게 속력·거리·시간의 공식은 각각의 구성요소를 구하는 식으로 변형할 수 있습니다. 수학 공식은 미지수가 바뀌면 식을 변형하여 사용해야 합니다. 주어진 항목과 구하려는 항목을 구별할 수 있어야겠지요.

고대 중국의 속력 · 거리 · 시간의 계산

다음으로, 계속해서 언급되는 고대 중국의 『구장산술』 문제를 함께 볼까요. 여섯 번째 장인 「균수(均輸, 균등한 조세-옮긴이)」에는 고대 중국의 세금인 곡물의 수송에 대한 문제가 많이 등장합니다. 아래의 문제를 속력·거리·시간 공식을 이용해 풀어봅시다.

● 『구장산술』의 「균수」 문제

> **今有程、傳委輸。空車日行 70 里。重車日行 50 里。**
> **今、載太倉粟、輸上林。5日3返。**
> **問、太倉去上林幾何**
> **答曰、48 里 18 里分之 11。**

해석
지금 역참에서 물자를 수송하려고 한다.
짐을 싣지 않은 빈 수레는 하루에 70리를 가고,
짐을 실은 수레는 하루에 50리를 간다.
태창에서 조를 싣고 상림으로 수송하는데 5일 동안 3회 왕복했다.
질문은 다음과 같다. 태창과 상림의 거리는 얼마인가?
답은 48과 18분의 11리다.

1리를 빈 수레로 갈 때와 짐을 싣고 왕복할 때 걸리는 시간을 계산합니다. 빈 수레는 1일에 70리를 갈 수 있으므로, 1리를 가는 데는 1/70일이 걸립니다. 짐 실은 수레는 1일에 50리를 갈 수 있으므로, 1리를 가는 데는 1/50일이 걸리겠지요. 1리를 왕복하는데 짐을 싣고 출발하여 빈 수레로 돌아오는데 걸리는 시간은 1/50+1/70일입니다. 태창과 상림을 5일 동안 3회 왕복했기 때문에, 한 번 왕복에 걸리는 시간은 5/3일이지요. 여기에 앞에서 구한 1리 왕복에 걸리는 시간으로 나누면 왕복 거리를 알 수 있습니다.

$$\frac{5}{3} \div \left(\frac{1}{50} + \frac{1}{70}\right) = \frac{5}{3} \div \frac{12}{350} = \frac{5}{3} \div \frac{6}{175} = \frac{5}{3} \times \frac{175}{6} = 48 + \frac{11}{18}$$

따라서 태창과 상림 사이의 거리는 $48+\frac{11}{18}$ 리가 됩니다.

고대 중국 전한 시대에 영토를 최대로 확장했던 무제라는 인물이 있었습니다. 당시의 관리들은『구장산술』로 수학을 공부했습니다. 세금을 걷으려면 그에 맞는 특별한 계산이 필요했기 때문이지요. 특히「균수」라는 장은 세금을 평등하게 부과하는 데 유용하게 사용되었습니다. 세금을 내려면 생산한 곡물을 수송해야 하는데, 중국은 영토가 매우 넓기 때문에 수송비를 무시할 수가 없었습니다. 말을 이용할지, 소를 이용할지, 시간은 얼마나 걸릴지, 모두 돈에 관한 문제였지요. 세금이 평등해야 나라가 안정된다고 생각했던 무제는 균수관이라는 관직을 만들었습니다.

절대군주도 나쁘기만 한 것은 아니었네요. 백성을 괴롭히기만 해서는 정치가 버틸 수 없음을 그 옛날의 황제도 알았나 봅니다. 생활이 궁핍해지면 민중은 반란을 일으킵니다. 불평등을 느껴도 마찬가지지요.「균수」에는 '원근으로 비용 부담을 다룬다(수송 거리와 그 비용을 계산하여 평등하게 한다)'라는 말이 쓰여있습니다. 요즘 정치가들이 꼭 기억해야 될 만한 말이네요.

05 건축가의 무기 제곱근

제곱근

제곱하여 n이 되는 수를 n의 제곱근이라고 부르고

$\pm\sqrt{n}$ 으로 표기한다.

예를 들면, 3의 제곱근은 $\pm\sqrt{3}$,

4의 제곱근은 $\pm\sqrt{4}$ (±2)가 된다.

신화에도 등장하는 건축용 도구

목수가 사용하는 도구 중에 곱자가 있습니다. 직각으로 꺾어진 L자형으로 안쪽과 바깥쪽에 모두 눈금이 있는 금속 자를 말하지요. 요즘 말로 직각자라고도 합니다.

곱자에 대한 역사는 고대 신화까지 거슬러 올라갑니다. 중국 천지창조의 신 복희는 '구(矩)'를, 여와는 '규(規, 컴퍼스)'를 가지고 있습니다. 복희가 가진 '구'가 바로 곱자, 즉 직각자입니다.

목수는 직각자만으로 정오각형, 정팔각형, 정십각형 등을 만들 수 있습니다. 이 기술을 규구법(規矩法)이라고 합니다. 건물을 세울 때 덧셈,

뺄셈, 곱셈, 나눗셈 외에 대각선의 길이도 필요하겠지요. 피타고라스의 정리를 사용하면 빗변 길이의 제곱까지는 알 수 있습니다. 빗변의 길이를 구하려면 그 제곱근을 풀어야 합니다. 이때 목수는 직각자를 사용하여 제곱근을 구합니다.

목수가 직각자로 제곱근을 구한다는 것은 그만큼 제곱근을 사용하는 계산이 많다는 말이기도 합니다. 예를 들어 통나무를 잘랐을 때 사방의 길이가 몇 치인 기둥을 만들 수 있는지, 어떤 길이의 직사각형 각목을 만들려면 어느 정도 반지름의 통나무가 필요한지 등등 제곱근을 사용해야 할 일은 다양하게 있습니다.

▶ 어떻게 직각자로 제곱근을 구할까?

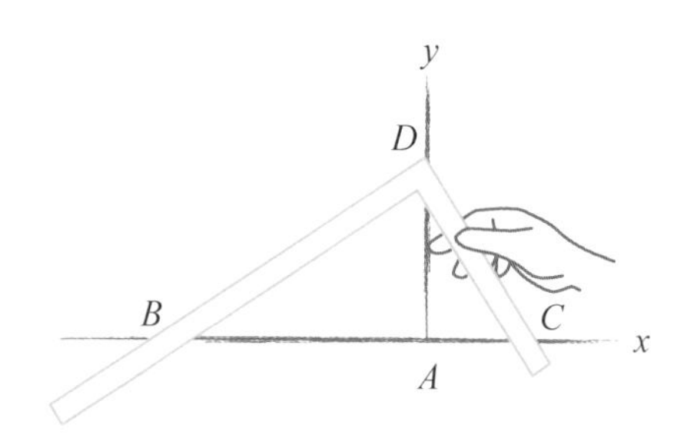

그러면 직각자로 어떻게 제곱근을 구하는지 실제로 해볼까요. 먼저 위의 그림처럼 서로 수직인 두 직선 x와 y를 그립니다.

다음으로 직각자의 꼭짓점 D를 직선 y 위에 둡니다. 그런 후 제곱근을 구하려는 길이와 선분 AB가 같아지도록 직각자를 위아래로 움직입니다. 이때, 선분 AC를 기준 길이 1로 두면 선분 AD의 길이가 선분 AB의 제곱근이 됩니다.

닮음의 성질을 이용해 증명해볼까요.

삼각형 BCD는 $\angle D$가 직각인 직각삼각형이므로

$\angle ACD + \angle ABD = 90°$

$\angle A$는 직각이므로 $\angle ACD + \angle ADC = 90°$ $\therefore \angle ABD = \angle ADC$

따라서, $\triangle ACD \backsim \triangle ADB$가 됩니다.

여기서 대응하는 변의 비는 다음과 같습니다.

$AD:AB = AC:AD$

$AD^2 = AB \cdot AC$

$\therefore AD = \sqrt{AB \cdot AC}$

$AC=1$이므로 $AD = \sqrt{AB}$

이렇게 직각자를 이용하면 AD가 AB의 제곱근임을 알 수 있습니다. 이 풀이 방법은 디지털 계산이 아니라 아날로그 계산식이므로 AD의 길이를 그대로, 혹은 몇 배로 늘려 이동시켜 작업할 수 있습니다.

지구의 크기도 계산할 수 있는 중심각과 원호

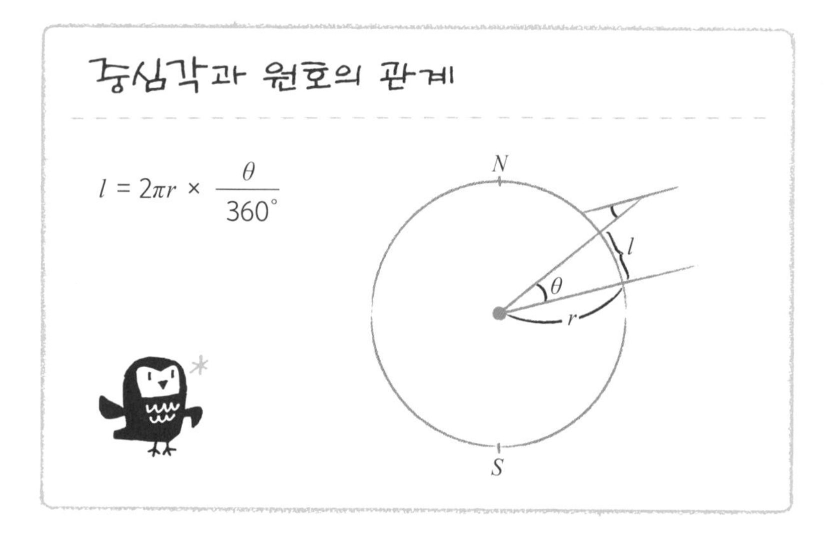

영토 확장으로 필요해진 수학

고대 그리스·로마 시대에 영토가 확장되면서 한 국가 안에서도 기후가 다른 지역이 생기기 시작했습니다. 때문에 재배하는 작물도 지역에 따라 토지에 적합한 종류로 바꿔야만 했지요.

물론 토양의 종류에 따른 차이도 있겠지만, 위도가 같은 기후가 비슷한 지역의 토지에서는 대부분 동일한 작물의 재배가 가능했습니다. 이때 위도를 측정하기 위한 도구가 앞에서도 보았던 '수직으로 세운 막대'였습니다. 막대의 그림자 길이를 측정하여 위도를 알 수 있었지요. 게다가 당시에는 지구가 둥글다는 사실도 이미 알고 있었습니다. 지구가 둥글다고 믿고 항해에 나선 콜럼버스보다 2,000년 이상 앞선 이야기입니다.

기원전에 지구의 크기를 측정하려던 사람이 있었다는 사실은 정말 놀랄 만한 일입니다. 천재 학자 에라토스테네스(Eratosthenes)가 바로 그 주인공으로, 프톨레마이오스 왕조 시대 알렉산드리아에서 살던 인물이었습니다. 프톨레마이오스 왕조는 병으로 서거한 알렉산드로스 대왕의 신하였던 프톨레마이오스 장군이 만든 나라(현재의 이집트)로 이 왕조 최후의 여왕이 그 유명한 클레오파트라입니다.

에라토스테네스는 당대 최고의 연구 기관이자, 대학이자, 신전이었던 무세이온의 관장이었습니다. 그가 직접 남긴 기록은 거의 남아있지 않지만, 천문학에서 수학에 이르기까지 폭넓은 분야에 걸친 그의 업적은 많은 책에 다양하게 기록되어 있습니다. 특히 지구의 크기 측정에 대해서는 클레오메데스의 책에 기술되어 있습니다.

기원전의 지구 크기 측정 방법

에라토스테네스는 하짓날 정오 무렵 시에네(현재 이집트 남동부의 아스완)에서는 햇빛이 우물의 바닥까지 깊게 내리쬔다는 사실을 알고 있었습니다. 이것은 태양이 수직으로 머리 위에 위치하고 있다는 말이지요. 그래서 이때 시에네에서 수직으로 세운 막대에는 그림자가 생기지 않습니다.

그러나 하짓날 정오, 같은 시각에 알렉산드리아에서는 태양이 수직으로 머리 위에 오지 않습니다. 때문에 알렉산드리아에서는 수직 막대에 그림자가 생기겠지요. 이 그림자와 막대의 끝을 이은 직선이 수직인 막대와 이루는 각을 θ라고 합니다. 태양광이 지구에 평행하게 내리쬔다고 가정하면 평행선의 엇각은 서로 같으므로 아래 그림과 같이 시에네와 알렉산드리아를 잇는 원호의 중심각도 θ가 되겠지요. 이 중심각을 알면 지구의 크기를 구할 수가 있답니다. θ와 360도와의 비가 원호의 길이 l과 원의 둘레(지구 둘레의 길이)의 비와 같기 때문이지요.

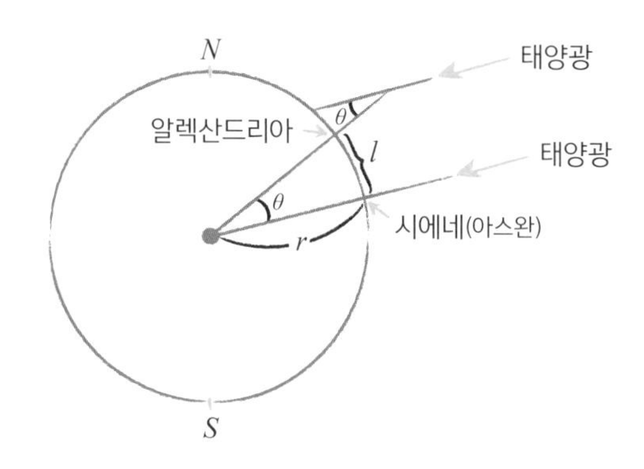

에라토스테네스는 θ가 원의 중심각의 1/50임을 관측하였고, 시에네와 알렉산드리아의 거리를 5000스타디아로 어림했습니다. 따라서, 지구의 둘레는 그 거리의 50배인 25만 스타디아가 되지요(어떤 책에서는 25만 2000스타디아라고도 합니다). 25만 스타디아를 현재의 km로 환산하여 계산한 지구의 둘레는 4만 6250km가 되고, 현대에 계산한 지구의 둘레인 약 4만 km와는 약 15%의 오차가 있습니다. 참고로 스타디아는 당시에 사용했던 거리(길이)의 단위로, 나타내는 길이에 대해 여러 가지 설이 있지만, 이 계산에서는 1스타디아를 185m로 계산했습니다.

어떻게 보면 에라토스테네스의 관측 오차가 크다고 할 수도 있지만, 당시에는 충분히 정밀한 결과가 아니었을까요. 과학사 연구자인 노이게바우어에 따르면, 에라토스테네스는 정밀한 숫자가 아니라 적당히 자르기 좋은 대강의 수치를 구하려 했던 것 같다고 합니다.

옛날 사람들은 지도를 정확하게 만드는 작업이 곧 자기 나라를 지키는 일이며, 적을 공격하는 데 꼭 필요하다고 생각했습니다. 거리를 정확하게 알지 못하면 적과 마주칠 때까지 걸리는 시간 역시 알 수 없기 때문이었지요. 그래서 정밀한 지도를 만들기 위해 되도록 일정하고 정확한 보폭으로 거리를 측정할 수 있는 사람을 썼다고 합니다. 옛날 사람들에게 지구를 아는 것은 한편으로 생존과 연관된 매우 중요한 일이었을 것입니다.

오층탑은 세제곱근을 이용해 지었다

세제곱근

세제곱을 해서 n이 되는 수를 n의 세제곱근이라고 부르고 $\sqrt[3]{n}$으로 표기한다.

예를 들어, $\sqrt[3]{-8}=-2$가 된다.

음수에도 정의할 수 있다.

입체도형에 유용한 직각자

앞에서 직각자를 이용해 제곱근을 구하는 방법을 살펴보았습니다. 평면에서 작업할 때는 그 정도면 대체로 충분하지요. 그러나 오층탑의 지붕을 똑같이 나누거나 사방으로 뻗은 서까래를 설치하려면 제곱근만으로는 부족합니다. 입체도형에 쓰려면 부피를 생각해야 합니다.

부피는 세 변의 곱으로 구합니다. 그러기 위해서는 세제곱으로 부피가 되는 수, 세제곱근이 필요합니다. 예를 들면 8의 세제곱근은 2가 되고, 27의 세제곱근은 3이 됩니다. 이렇게 간단한 숫자는 금방 계산할 수 있지요.

하지만 목수는 이런 쉬운 수만 다루지 않습니다. 자의 눈금과 눈금 사이에 있는 수의 세제곱근을 구해야만 할 때도 있답니다.

세제곱근을 구하는 것을 개립(開立), 쉬운 말로 세제곱근풀이라고 하는데 목수는 이것도 직각자로 해결합니다. 먼저 수직으로 만나는 직선 x와 직선 y를 그어줍니다. 선분 AB=1이라고 합시다. (이 1은 이 작업의 기준 길이입니다). 여기서 선분 AC가 세제곱근풀이로 구하고자 하는 길이입니다. 두 개의 직각자 ①과 ②를 아래 그림과 같이 배치합니다. 먼저 직각의 꼭짓점 D가 직선 x 위에 오도록 직각자 ①을 배치합니다. 다음으로 직각자 ①과 직각자 ②의 한 변을 그림과 같이 붙입니다. 직각자 ②의 직각인 꼭짓점을 직선 y 위에 오게 한 후, 풀이하려고 하는 세제곱근이 선분 AC의 길이가 되도록 직각자 ②를 맞춥니다. 이렇게 하면 닮음의 성질에 따라 선분 $\sqrt[3]{AC}$ = 선분 AD가 됩니다.

증명은 계산과 식을 사용하지만, 이 방법을 알고 있으면 직각자를 이용한 도형 활용만으로 세제곱근을 구할 수 있습니다.

직각자로 세제곱근을 구하는 방법

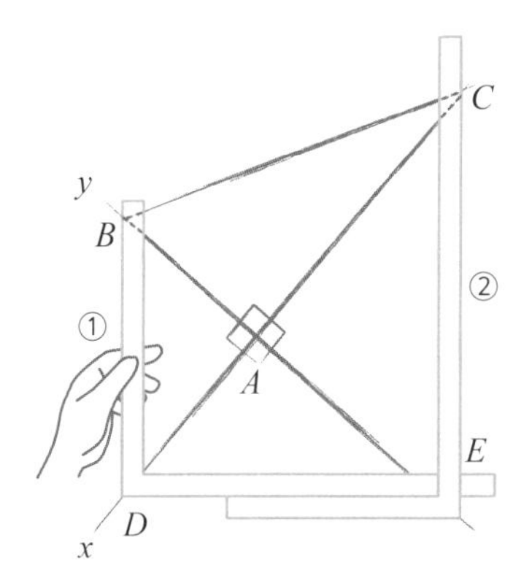

앞에서 제곱근 계산과 이번 세제곱근의 계산 모두 도형의 닮음을 이용하여 직각자로 제곱근, 세제곱근을 풀었습니다. 디지털 계산은 하지 않았지요. 다시 말하면 도면을 만들 때도 직각자 두 개의 조합으로 설계도를 그릴 수 있다는 말입니다. 물론 규구법을 통째로 외우기만 해도 세제곱근풀이가 가능합니다. 통째로 외우는 것도 가끔은 중요하답니다.

이해를 위해 다소 복잡하지만, 증명을 써보겠습니다.

닮음을 사용하여 설명해볼게요.

⊿BDE는 ∠D=90°인 직각삼각형입니다.

∠A=90°이므로, ⊿ADE와 ⊿ABD는 닮음이 됩니다.

이것은 제곱근을 구할 때와 마찬가지 방법이지요.

서로 대응하는 변의 비는

$AD : AB = AE : AD \quad \therefore AD^2 = AB \cdot AE$ …… ①

이번에는 ⊿DEC에서 보면 ⊿DEC는 ∠E=90°인 직각삼각형이지요.

∠A=90°이므로, ⊿ADE와 ⊿AEC는 닮음이 됩니다.

대응하는 변의 비는

$AE : AD = AC : AE \quad \therefore AE^2 = AC \cdot AD$ …… ②

①의 양변을 제곱하면

$AD^4 = AB^2 \cdot AE^2$

②를 대입하면

$AD^4 = AB^2 \cdot AC \cdot AD \quad \therefore AD^3 = AB^2 \cdot AC$

AB=1이므로

$AD^3 = AC$

비중과 밀도로 알아본 가짜 왕관

밀도

단위 부피당 질량
밀도=질량÷부피

비중

어떤 물질의 밀도와 기준이 되는 표준물질의 밀도와의 비율. 고체나 액체의 경우에는 물을, 기체의 경우에는 같은 온도와 압력의 공기를 기준으로 한다.

천재 아르키메데스의 업적

아르키메데스라고 하면 목욕탕에 들어가다가 '비중'의 원리를 깨닫고 벌거벗은 채로 거리를 뛰어다녔다는 이야기로 널리 알려져 있지요.

'아르키메데스의 원리'는 유체(流體, 액체나 기체와 같이 흐르는 물질) 속에 있는 물체는 그 물체가 밀어내는 유체의 무게와 같은 크기의 부력을 받는다는 것입니다. '금세공사에게 건넨 금의 양과 왕관에 들어간 금의 양은 같은가?'라는 왕의 의심에서 출발하여 발견되었지요. 이 원리는 물리학의 성과이지만, 아르키메데스는 미분과 적분의 아버지이기도 합니다. 뉴턴, 가우스와 함께 세계 3대 수학자의 한 명으로 이름을 날릴 정도입니다.

아르키메데스의 수학적 성과에는 원주율 π의 근삿값, 포물선의 접선 등 아주 정밀한 계산이 필요한 것이 많습니다. 오늘날 이런 문제들은 미분과 적분을 사용해 풀게 되었지요.

아르키메데스는 시칠리아 섬의 시라쿠사에서 귀족 신분으로 태어났습니다. 아버지는 천문학자인 페이디아스로 역시 우수한 학자였지요. 아르키메데스와 친척 관계였던 시라쿠사의 왕 헤론 2세는 아르키메데스의 뛰어난 두뇌와 능력을 잘 알고 있었습니다. 그래서 왕관이 순금으로 만들어졌는지 조사하라는 명령을 내렸지요. 헤론 왕은 금세공사가 자신을 속이고 왕관에 은을 섞었을 것으로 의심하고 있었던 것입니다. 아르키메데스는 그것을 어떻게 밝혀낼지 며칠 동안 고민에 빠졌습니다. 거기서 바로 그 유명한 목욕탕 이야기가 나오게 되었지요.

‘아르키메데스의 원리’ 발견

부피와 무게의 비를 ‘밀도’라고 합니다. 밀도는 물질에 따라 다릅니다.

또, **어떤 물질의 밀도와 물의 밀도의 비를 ‘비중’**이라고 하는데, 비중 역시 물질에 따라 다르지요. 이 사실을 깨달았다면 문제는 바로 해결입니다. 왕관의 부피를 구하고, 그 부피에 비중을 곱하면 물질의 무게가 나오지요. 금의 부피와 무게를 한 번 재두면 금의 비중을 알 수 있습니다. 금세공사가 만들어온 왕관의 무게와 그 부피를 재고 실제로 그 부피만큼을 순금으로 만들었을 때의 왕관의 무게를 계산하여 비교해보면 왕관이 순금인지 아닌지 알 수 있겠지요. 부피는 물을 가득 채운 용기에 왕관을 집어넣어 넘친 물의 양을 측정하여 구합니다. 이 부피에 금의 비중을 곱하면 순금으로 만들었을 때의 무게를 알 수 있습니다. 목욕탕에서 넘치는 물을 보고 이 원리를 깨달았다니 참으로 대단한 일이지요. 문제를 풀었다고 생각한 아르키메데스는 옷을 입는 것도 잊은 채 '유레카(알아냈다)!'를 거듭 외치며 시라쿠사 거리를 내달렸다고 하네요. 그래서 아르키메데스라는 이름은 몰라도 '벌거벗고 달린 사람'이라고 하면 누구든 이 사람을 떠올리게 된 것이지요.

수학은 써먹어야 가치가 있다

아르키메데스는 정확성과 실용성을 겸비한 근대적인 사고를 하는 사람이었습니다. 사용할 수 있는 도구는 무엇이든 사용하고, 끝없이 궁리했지요. 구십육각형을 사용한 원주율의 근삿값 계산도 정육각형에서 시작해 정십이각형, 정이십사각형, 정사십팔각형, 정구십육각형으로 중심각을 점점 반으로 나누어가면서 원에 내접시키고 외접시켜 현의 길이를 계산했습니다. 오늘날의 '반각 공식'의 개념이지요. 이것도 매우 실용적인 이론입니다. 뉴턴이나 가우스 역시 근사계산에 강했던 것은 우연이 아니겠지요.

이론에서뿐만 아니라 현실에서 '원의 둘레는 이렇다, 지구 궤도의 반지름은 이렇다' 하는 결과를 낼 수 있어야 비로소 학문이라고 할 수 있습니다. 종종 '수학은 이론이다'라고 말하는 사람도 있지만, 수학은 현실입니다. 이론만으로는 현실의 문제를 해결할 수 없습니다. 고대에 아르키메데스가 고안했던 펌프는 오늘날까지도 나일 강의 물을 끌어올리는 데 사용되고 있습니다.

아르키메데스가 곡선으로 둘러싸인 면적을 구하려고 한 것도 이러한 생각의 연장선에 있습니다. 구의 부피 계산법을 발견하여 적분의 기초를 마련하였고, 포물선의 접선을 그리는 방법을 연구하여 미분의 기초를 만들었습니다. 아르키메데스의 연구 결과를 적분과 미분으로 발전시키기 위해서는 극한의 개념이 필요합니다. 원시적인 극한의 개념이 생겨난 것은 17세기로 약 2,000년 후의 일이었습니다.

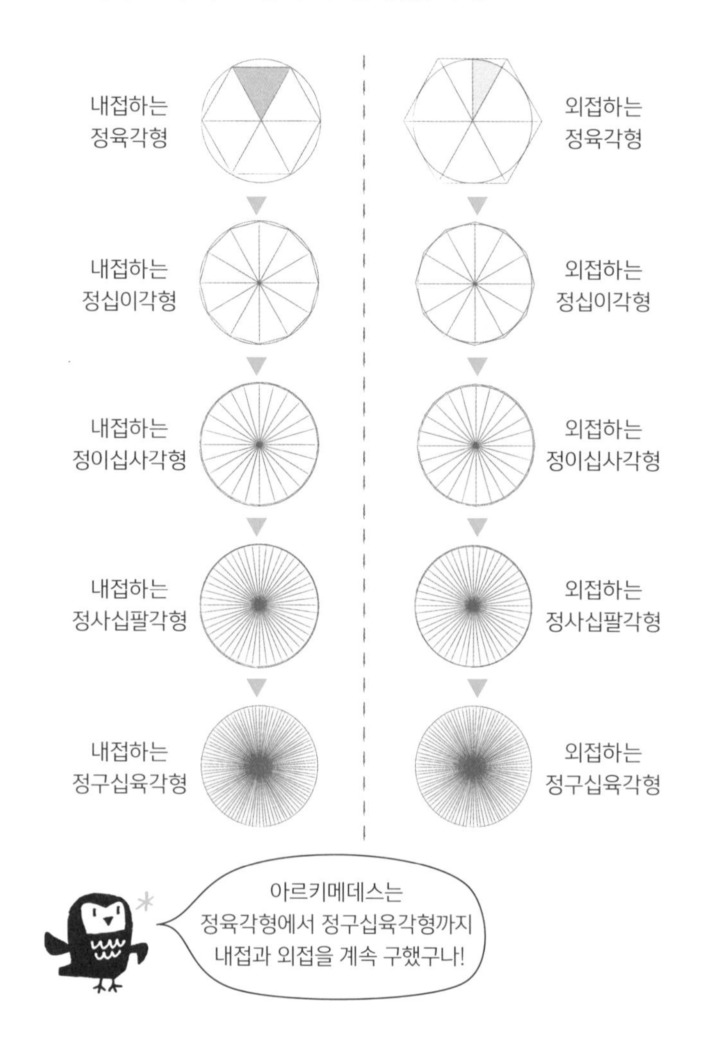

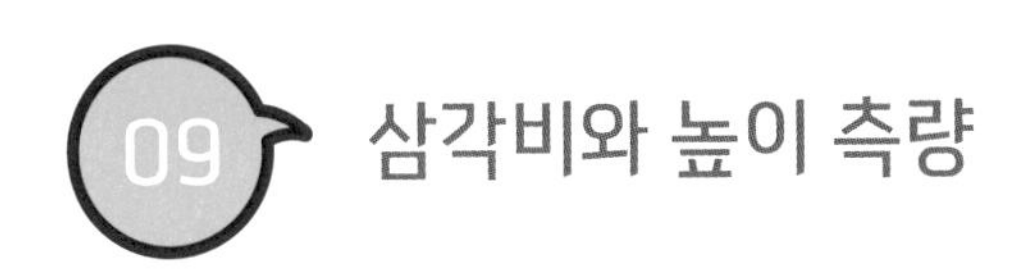

09 삼각비와 높이 측량

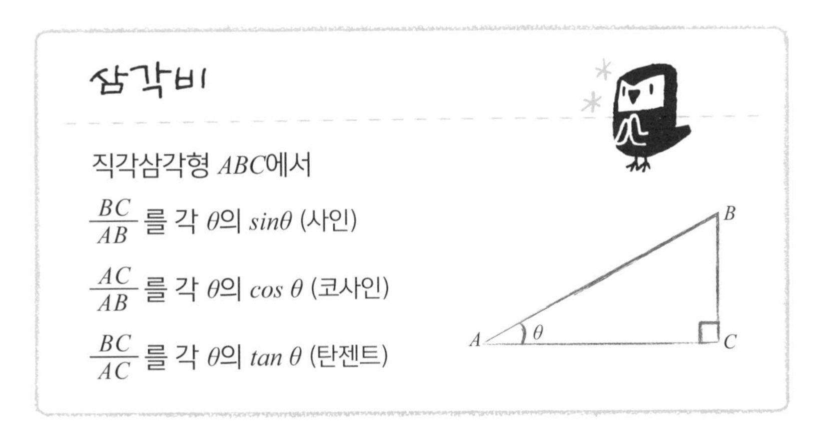

항해술과 삼각비

앞에서 본 것처럼 아르키메데스는 π의 근삿값을 정확하게 구하기 위해 원을 정다각형 사이에 끼우고 중심각을 반으로 나누어갔습니다. 여기서 오늘날 고등학교에서 배우는 덧셈정리(특히 '반각 공식')를 사용했습니다. 물론 당시에는 그런 공식은 없었습니다. 피타고라스의 정리를 사용해 열심히 원에 내접하는 정다각형 변의 길이를 계산해갔겠지요.

이 변의 길이가 바로 학교에서 배우는 원의 현입니다. 알렉산드리아의 수학자 히파르코스(Hipparchos)는 현의 길이를 계산하는 표를 만들었습니다. 이것이 최초의 사인(삼각비 sin)표입니다.

고대 그리스나 고대 로마에서는 건축이나 천체 관측을 위해 측량할 때 직각삼각형의 변의 비를 나타낸 **삼각비**라는 개념을 사용했습니다. **'각도가 같으면 대응하는 변의 비는 같다'**라는 닮음의 성질에서 삼각비는 각도만으로 정해집니다. 삼각형의 크기는 관계가 없지요.

당시 알렉산드리아는 실크로드로 이어지는 중요한 장소였습니다. 사막을 건널 때 항해술을 잘 익혀두지 않으면 안전하게 여행할 수가 없었습니다. 항해술이란, 이정표가 되는 천체의 위치를 정확하게 측정하여 자신의 위치를 알아내는 기술입니다. 거기에 사용된 것이 바로 삼각비입니다.

히파르코스는 아르키메데스의 방법을 더욱 발전시켜 삼각비 사용법의 기초를 만들었습니다. 현재 고등학교 교과서에도 삼각형의 각의 크기와 변의 길이의 관계를 이용해 모르는 변의 길이나 각도를 구하는 문제가 자주 출제되는데, 히파르코스는 이 풀이방법(삼각법)을 연구했던 것이지요. 사막의 항해술은 삼각법과 완전히 같은 방법으로 자신의 위치를 구했답니다.

덧붙여, 히파르코스는 천문학에서도 중요한 성과를 남겼답니다. 앞에서 말한 삼각법을 사용해 천체의 운행을 정밀하게 조사하고 태양력 1년의 시간 길이를 구했습니다. 히파르코스가 구한 1년의 길이는 365일 5시간 55분 12초였습니다. 상당히 놀라운 근삿값이지요. 이것이 바로 태양력의 1년을 정확하게 계산한 최초의 값이랍니다.

목수나 나무꾼도 사용했던 삼각비

삼각비는 일본에서도 응용되었습니다. 목수나 나무꾼은 삼각비를 사용해 나무나 건물의 높이를 측정했습니다. 직각삼각형의 밑변과 높이의 비를 나타내는 탄젠트를 이용했지요.

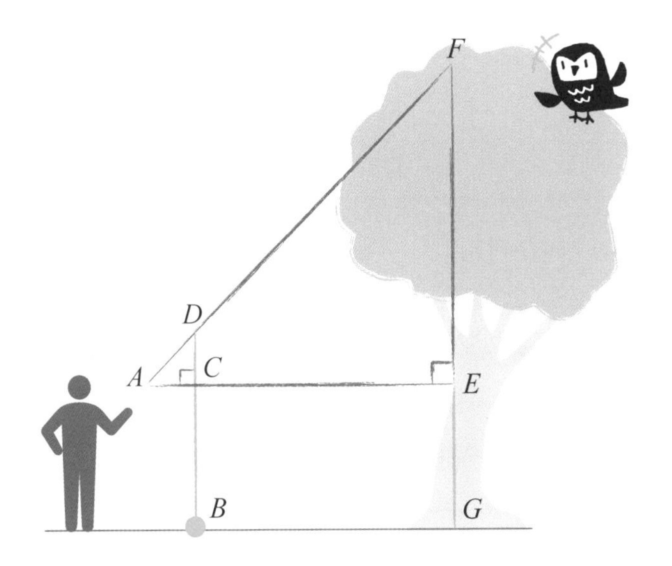

어떻게 활용하는지 위 그림으로 설명해볼까요. 구하고자 하는 나무의 높이가 GF입니다. 여기에도 이등변삼각형인 삼각자를 사용합니다. 삼각자의 직각을 끼고 있는 변의 한쪽에 추가 달린 줄을 매답니다. 이것이 CB입니다. 추가 흔들리지 않고 DCB가 곧은 선이 되도록 삼각자를 잡고 점 A에서 나무의 꼭대기 F를 바라봅니다. 시선과 A, F가 일직선이 되도록 자리를 이동합니다. 삼각형 AEF는 직각이등변삼각형이므로, 나무까지의 거리 AE와 나무의 높이에서 시선의 높이를 이은 FE는 같습니다. 따라서 AE의 길이를 측정한 값에 EG를 더하면 나무의 높이를 구할 수 있겠지요. 목수나 나무꾼의 지혜 속에 삼각비가 숨어 있었네요.

세계를 돌며 진화해온 소수

소수의 기수법

10진법의 소수

$$0.abc = \frac{a}{10} + \frac{b}{10^2} + \frac{c}{10^3}$$

60진법의 소수

$$0.abc = \frac{a}{60} + \frac{b}{60^2} + \frac{c}{60^3}$$

복잡한 계산에 필요해진 소수

우리는 줄곧 유럽 수학을 배워왔기 때문에 고대 중국의 수학은 그다지 발전하지 않았다고 생각할 수 있습니다. 하지만 중국 수학은 이론적인 부분에서 조금 뒤처질지 몰라도 실용적인 면에서는 아주 뛰어났습니다. 그중 하나가 아라비아에 영향을 준 10진법의 소수랍니다.

소수의 계산은 천문학이나 역법 등에 다양하게 사용되었습니다. 천문학의 연구는 아주 복잡한 계산을 해야 합니다. 고대 그리스의 자릿값을 활용한 소수 계산은 바빌로니아에서 발달한 60진법이었습니다. 과학자는 미세한 수를 다루어야 하므로 60진법의 분수(60진법의 소수)를 사용했습니다.

60진법의 소수는 곧 아라비아 사람들에게도 전해졌습니다. 거기에 인도에서 10진법의 자릿값을 사용한 인도 숫자가 들어왔습니다. 그것을 아라비아 사람들이 사용법을 연구하여 후에 인도·아라비아 숫자로 불리게 되었지요.

하지만 과학자들은 60진법을 계속해서 사용했습니다. 왜냐하면 그 당시의 10진법에는 소수가 없었기 때문입니다. 그래서 10진법보다도 미세한 수를 표현할 수 있는 60진법을 과학 연구에 사용했던 것입니다.

중국에서 출발하여 인도, 아라비아를 지나 유럽에 도착한 10진법

유럽 수학이 언제나 가장 뛰어나다고 할 수는 없습니다. 위나라 유휘의 저서에 다음과 같은 글이 있습니다. '수의 크기가 단위보다 작으면 그 수를 분자로 하고, 다음 자리는 10을 분모로, 그다음 자리는 100을 분모로 한다.' 이것은 지금의 소수를 말하는 것입니다. 앞에서도 다루었지만 유휘가 언급한 소수의 개념을 다시 한번 살펴볼까요.

'한 단위로 측정할 수 없을 정도로 작은 나머지가 나오면 그 단위를 10으로 나눈다. 10으로 나눈 단위로 나머지를 측정하여 또 나머지가 남으면 10으로 나눈 단위를 또 10으로 나눈다.'

다시 말해 10의 제곱인 100으로 나눈 것이 됩니다. 1m를 10으로 나누면 10cm가 되지요. 이것을 또 10으로 나누면 1cm가 됩니다. 이렇게 끝없이 반복해서 나눌 수 있으므로 무한히 계속되는 소수를 만들 수 있지요.

이러한 발상이 인도를 거쳐 아라비아에 전해졌습니다. 앞에 언급된 유휘의 말은 제곱근을 구하는 계산을 할 때 등장했습니다. 제곱근을 계산하려면 무리수의 개념이 나오니 무한으로 계속되는 소수점 이하의 숫자에 대해서도 고민했던 것이겠지요.

도량형을 10진법으로 고집했던 중국에서는 당연히 10진법으로 소수를 만들었습니다. 여기서 힌트를 얻은 아라비아 사람들은 60의 음의 거듭제곱(60의 거듭제곱의 역수)을 10진법에 적용합니다. 10의 음의 거듭제곱(10의 거듭제곱의 역수)을 60의 음의 거듭제곱에서 유추하여 현대에서 사용하는 소수로 만들었지요.

이렇게 10진법의 소수가 만들어짐에 따라, 유럽의 과학자들도 60진법에서 10진법으로 바꾸어 사용하게 되었습니다. 10진법의 소수를 완성한 아라비아의 수학자들에 의해 세상은 10진법의 천하가 된 것이지요.

PART 2

수학으로 알아보는 일상의 요모조모

취급 주의!! 어설픈 논리로 쓸 수 없는 귀류법

귀류법

'A라면 B이다'를 증명할 때 A를 가정하고
B를 부정하는 것에서 모순을 끌어내는 증명법
'X > 1이라면 X > 0'일 때,
X > 1을 가정하고
X > 0을 부정하면
X > 1인 동시에 X ≦ 0이 되는데
이런 수는 존재하지 않는다.

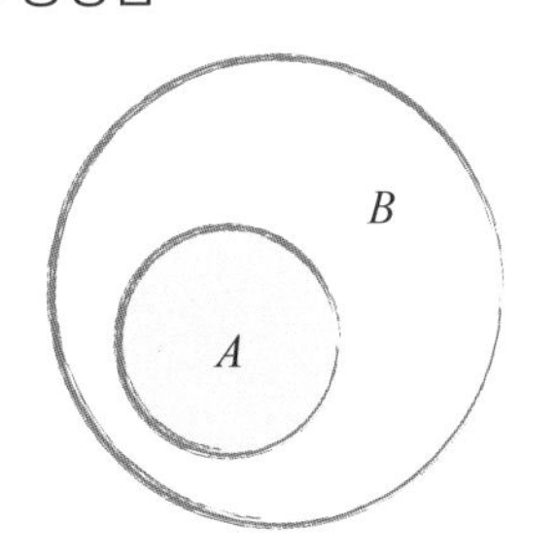

'~라면'은 포함 관계가 우선

수학을 배우면 논리적인 대화를 할 수 있다고 합니다. 특히 기하학의 증명을 연습하면 좋다고 하지요. 기하학을 공부하면 논리적인 사고를 할 수 있다는 말은 왜 나온 걸까요? 아마도 기하학에서는 '가정→결론→증명' 순서로 논리적으로 풀어가기 때문이라는 단순한 이유겠지요.

'A라면 B이다'라는 문장을 수학에서 말할 때는 'x 〉 2라면 x 〉 1이다'처럼 A가 성립하는 수의 집합은 B가 성립하는 수의 집합에 포함된다는 관계가 성립해야만 합니다.

x 〉 2를 만족하는 집합은 x 〉 1을 만족하는 집합에 포함되므로 'x 〉 2라면 x 〉 1이다'는 참이 됩니다. 이렇게 수학에서 '~라면'을 사용할 때는 집합에 '포함하는지, 포함되는지'의 관계가 전제되어야 합니다.

당신이 논리적으로 다른 사람을 설득하고 싶을 때, 특히 귀류법을 사용할 때는 집합의 '포함 관계'를 정확하게 인식하고 있어야 합니다. 토론할 때 쓰는 '가정'과 '결론'을 수학의 집합으로 취급해도 괜찮을지 충분히 고민하고 사용해야 합니다.

논리적인 순서를 따라가는 것과 수학의 논리를 실생활에 적용하는 것은 의미가 다릅니다. 수학의 논리는 어디까지나 수학의 증명을 위한 것이랍니다.

잘못된 사용법이 만연한 귀류법

- **귀류법**

  'A라면 B이다'를 증명하기 위해 'A면서 B가 아니다'가 일어나지 않음을 증명한다.
  'A라면 B이다'가 성립한다면 A가 성립하는 영역과 'B가 아닌' 영역은 공통부분이 없다.

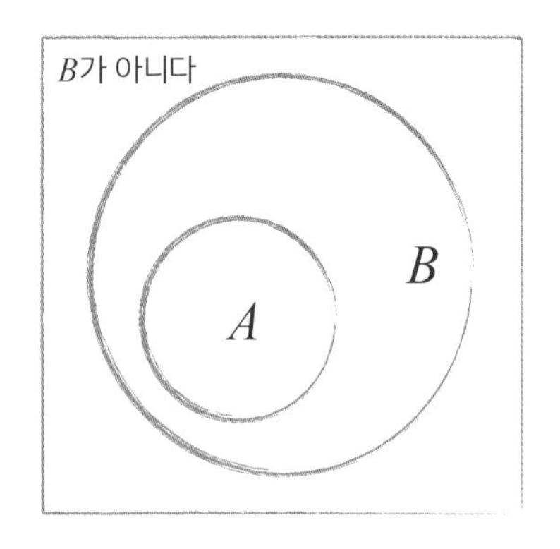

'귀류법'을 위의 그림을 이용해 증명해볼까요. **귀류법은 'A라면 B이다'를**

증명하려고 할 때, 결론 B를 부정하여 모순을 끌어내는 증명법입니다. 'A면서 B가 아니다'가 틀렸다는 것을 증명합니다. 'A라면 B이다'가 성립하면 A의 집합은 B의 집합에 포함됩니다. A의 영역과 B가 아닌 영역은 공통부분이 없습니다. 따라서 'A면서 B가 아니다'인 경우는 없습니다.

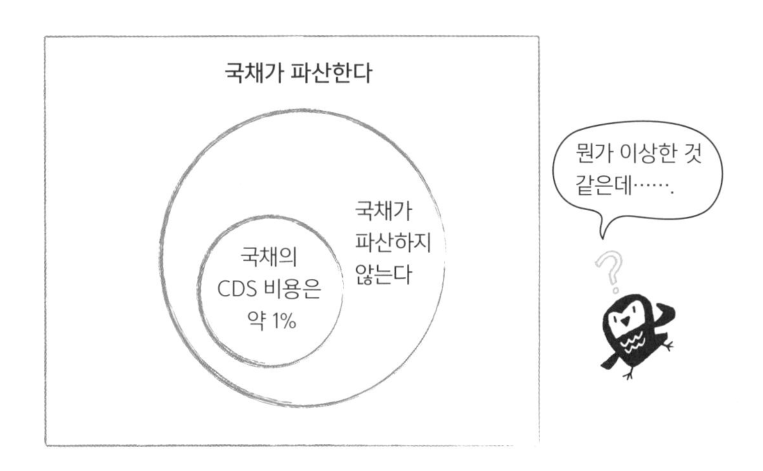

2012년 중의원 공청회에서 일본 국채의 안정성에 관해 설명하는 데에 귀류법이 사용되었습니다. 그 당시, 일본의 국채가 3년 안에 부도날 것이라는 우려가 있었습니다. 국채의 CDS 프리미엄(국채 파산에 대비하는 보험료 성격의 비용)은 약 1%였습니다. 만약 매년 1%씩 보험료를 내고 있는 중에 3년 만에 국채가 부도난다면 보험금으로 만기금액 전액을 지급받게 됩니다. 3%의 보험료로 100%의 만기금액을 확보할 수 있으므로 3년에 33배나 되는 셈입니다. 이 정도로 수익 높은 거래가 있을 리가 없으니 3년 이내에 국채가 부도나지는 않을 것이라는 설명이었지요.

얼핏 보면 귀류법을 사용한 논리 전개처럼 보이는데, 'A라면 B이다'에서 A와 B에 해당하는 것은 무엇일까요? B는 '국채는 부도나지 않는다'입니다. 모순을 끌어내는 데 사용한 A는 '국채의 CDS 프리미엄이 약 1%이다'입니다. 수학의 귀류법을 사용했다고 하면, '국채의 CDS 프리미엄이 약 1%'라면 '국채는 부도나지 않는다'를 나타냈다는 것입니다. 결론인 '국채는 부도나지 않는다'만 증명한 것처럼 보입니다.

그러나 이것은 '일본의 CDS 프리미엄이 약 1%'라면 '국채는 부도나지 않는다'를 증명한 것이지 '국채가 부도나지 않는다'를 증명한 것은 아닙니다. 이 증명에 의미가 있을까요? 가정이 잘못되었을 수도 있습니다. '일본의 CDS 프리미엄이 약 1%'라는 경제 체제가 이상해졌다고 느껴질 뿐이지요. 백 보 양보해 의미가 있다 하더라도 '일본의 CDS 프리미엄이 약 1%'라는 가정과 '국채는 부도나지 않는다'라는 결론은 수학의 집합으로는 정의할 수 없습니다. 또, 수학의 대상으로도 어울리지 않습니다.

귀류법은 수학의 증명을 간단하게 하는 수단입니다. 수학 안에서 엄밀하게 약속되어야만 비로소 사용할 수 있는 방법이지요. 수학의 논리는 수학의 일부입니다. 엄밀한 약속 없이 사용해서는 안 됩니다.

또, 수학에서 'A라면 B이다'라고 할 때, A와 B에 시간적 차이는 없습니다. 경제 현상은 가정과 결론의 사이에 시간 변화가 있습니다. 사실 시간이 지나지 않으면 이자도 발생하지 않지요.

수학의 증명법은 일반 사회에서의 논의에서는 함부로 사용할 수 없습니다. 그러니 수학을 공부하면 논리적인 사고를 할 수 있겠다는 생각은 매우 위험하답니다.

나의 운명을 나눗셈으로 알아본다고?

나눗셈 공식

자연수 m을 n으로 나눌 때 몫을 q, 나머지를 r이라고 하면

$m \div n = q \cdots r$ $(m = qn + r)$

나머지 r은 나누는 수 n을 넘지 않는다.

또, 나머지 r은 0 이상 n 미만이다.

로쿠요는 어떻게 정해질까?

일본에서 결혼식 날을 잡을 때 제일 인기 있는 날은 가장 운이 좋은 날이라고 불리는 '다이안'입니다. 다이안은 일본 민간에서 길흉을 따지는 데 기준이 되는 로쿠요의 여섯 날 중 하나입니다. 센쇼, 도모비키, 센부, 부쓰메쓰, 다이안, 샤코의 순서로 돌아가는데 제각각 날마다 길흉과 운세가 정해져 있습니다. 달력의 날짜에 로쿠요 같은 운세 등의 정보가 적혀 있는 것을 일본에서는 '레키추'라고 합니다.

가끔 앞의 순서와 다르게 달력에 표기되어 있기도 한데, 그 이유는 음력 날짜를 기준으로 하기 때문입니다. 정확하게는 음력으로 매월 1일

마다 로쿠요 순서가 고정되어 있어 달이 바뀌면서 순서에 차이가 생기는 것입니다.

(음력의 월+일)÷6=몫…나머지

나머지	0 (다이안)	1 (샷코)	2 (센쇼)	3 (도모비키)	4 (센부)	5 (부쓰메쓰)

로쿠요는 계산으로 구할 수 있습니다. 음력 날짜의 월수와 일수를 더하여 6으로 나눈 '나머지'로 정해집니다. 현대에 사용하는 달력으로는 알 수 없습니다.

(월+일)÷6=몫…나머지

0, 1, 2, 3, 4, 5인 나머지가 위 그림처럼 각각 하나씩 로쿠요에 대응합니다.

몇 개만 계산해볼까요.

음력 새해인 1월 1일은

$(1+1)\div6=0\cdots2$

나머지가 2이므로 '센쇼'가 됩니다.

음력 히나마쓰리(일본에서 여자아이의 건강과 행복을 기원하는 날로 날짜가 3월 3일이다–옮긴이)는

$(3+3)\div6=1\cdots0$

나누어떨어져 나머지가 0이므로, '다이안'이 됩니다.

로쿠요는 적당히

로쿠요는 단순히 나눗셈으로 나오는 수일 뿐인데 그날의 운세, 그것도 모든 사람의 운세가 정해진다는 것은 이상한 이야기지요. 센쇼는 오전 중에는 운이 좋은 날, 도모비키는 일을 하거나 새로운 물건을 들이기에 좋은 날, 센부는 오후부터는 괜찮은 날, 부쓰메쓰는 부처님도 힘을 쓸 수 없을 정도로 나쁜 날로 어떤 일을 하더라도 잘될 수가 없다고 합니다. 다이안은 무엇을 해도 좋은 날이고, 샤코는 무엇을 해도 안 되는 날이라고 하지요.

이렇게 따지면 엿새 중에 제대로 일해도 좋은 날이 사흘 정도밖에 없다는 말이 됩니다. 이래서야 경제가 제대로 돌아가지 않겠지요. 날짜로 정해진 운세에 너무 집착하면 사회생활에 심각하게 방해가 됩니다.

로쿠요의 원래 발상지였던 중국의 역대 왕조에서는 레키추를 달력에 쓰지 못하게 했습니다. 이것이 국민의 교육 수준 발전을 저해한다는 것을 깨달았기 때문입니다. 옛날 일본에서도 메이지 정부 시절에 비슷한 법률을 만들었지만 완전히 금지하지는 못했습니다. 요즘처럼 레키추가 함께 쓰여있는 달력을 자유롭게 사고팔게 된 것은 전쟁이 끝나고 나서부터입니다.

사람마다 달리 해석하는 레키추에 너무 신경을 쓰면 오히려 아무 일도 할 수 없게 됩니다. 레키추를 너무 예민하게 받아들이지 않는 편이 좋겠지요.

03 요일 계산은 합동식으로

합동식

$a=q_1n+r$, $b=q_2n+r$ $(0 \leqq r < n)$

두 자연수 a, b를 자연수 n으로 나누었을 때

나머지가 r로 같으면, a와 b는 법(나누는 수) n에 대하여

합동이라고 말하며 다음과 같이 표시한다.

$a \equiv b \pmod{n}$

법 n에 관한 합동의 관계는 다음 성질을 만족한다.

· 반사 관계 $a \equiv a \pmod{n}$

· 대칭 관계 $a \equiv b$이면 $b \equiv a \pmod{n}$

· 추이 관계 $a \equiv b$이면서 $b \equiv c$이면 $a \equiv c \pmod{n}$

또, $a \equiv b \pmod{n}$이고 $c \equiv d \pmod{n}$이면

· 덧셈과 뺄셈 $a \pm c \equiv b \pm d \pmod{n}$

· 곱셈 $ac \equiv bd \pmod{n}$

합동식의 구조

두 도형의 모양과 크기가 같음을 나타내는 개념을 '합동'이라고 하는데, 수에도 **합동식**이라는 것이 있습니다. 두 정수 a, b를 p로 나누었을 때의 나머지가 같으면 $a \equiv b \pmod{p}$와 같이 표기하고 'a와 b는 법 p에 대해 합동이다'라고 합니다. 실제로 사용할 때는 $a \equiv r \pmod{p}$의 형태로 쓰는 경우가 많습니다. r은 나머지입니다.

이 성질을 사용하면 나머지만 사용하는 식으로 계산할 수 있습니다. 예를 들어 자연수를 3으로 나눌 때의 나머지(0, 1, 2의 3개)를 표시하는 식은 다음과 같습니다.

$15 \div 3 = 5 \cdots 0$이므로 법을 써서 표기하면 $15 \equiv 0 \pmod{3}$

$7 \div 3 = 2 \cdots 1$이므로 법을 써서 표기하면 $7 \equiv 1 \pmod{3}$

$11 \div 3 = 3 \cdots 2$이므로 법을 써서 표기하면 $11 \equiv 2 \pmod{3}$

합동식은 나머지가 얼마가 되는지도 계산할 수 있습니다.

$7+11 \equiv 1+2 \equiv 3 \equiv 0 \pmod{3}$과 같이, 7과 11을 더했을 때 3으로 나눈 나머지가 얼마가 되는지에만 초점을 맞춘 계산을 할 수 있습니다.

합동식의 사용방법

나눗셈의 나머지로 요일도 알 수 있습니다. 7이나 6으로 전체를 나눌 때 어느 정도 나머지가 나오는지를 계산하면 되지요.

예를 들면 한 달의 첫날(1일)이 일요일이라면 25일은 무슨 요일일까요?

$25 \div 7 = 3 \cdots 4$

나머지가 4가 되는 25일은 수요일입니다. 합동식으로 표현하면 다음과 같습니다.

$25 \equiv 4 \pmod 7$

7로 나눈 나머지와 요일의 대응을 합동식으로 아래의 표처럼 표시합니다.

그러면 한 달의 첫날이 일요일일 때 11일에서 13일이 지나면 무슨 요일일지 합동식으로 계산해봅시다. 11을 7로 나눌 때 나머지는 4입니다. 13을 7로 나누면 나머지는 6입니다. 여기서 합동식의 계산을 쓰면 다음과 같습니다.

$11+13 \equiv 4+6 \equiv 10 \equiv 3 \pmod 7$

11일에서 13일 지난 24일은 화요일이 됩니다. 컴퓨터가 발달한 현대에는 요일 계산에 굳이 합동식을 쓰지 않아도 되지만 요일의 시스템은 이러한 계산으로 정해졌을 것입니다.

나머지	요일	
0	토요일	$n \equiv 0 \pmod 7$ n일은 토요일
1	일요일	$n \equiv 1 \pmod 7$ n일은 일요일
2	월요일	$n \equiv 2 \pmod 7$ n일은 월요일
3	화요일	$n \equiv 3 \pmod 7$ n일은 화요일
4	수요일	$n \equiv 4 \pmod 7$ n일은 수요일
5	목요일	$n \equiv 5 \pmod 7$ n일은 목요일
6	금요일	$n \equiv 6 \pmod 7$ n일은 금요일

나머지와 요일이
대응하네.

등비수열의 합과 불법 피라미드의 공포

등비수열의 합

$a, ar, ar^2, ar^3, ar^4, \cdots\cdots, ar^n$

n번째 항 a_n(일반항)은 아래의 식에서 구할 수 있다.

$a_n = ar^{n-1}$

첫 번째 항에서 제n항까지의 합은 $r \neq 1$일 때

$$\frac{a(r^n-1)}{r-1}$$

회원이 끝없이 늘어나는 시스템은 실현될 수 있을까?

불법 피라미드 판매는 역사적으로도 오래된 사기 수법입니다. 일본에서는 이미 메이지 시대에 형법에서 사기로 규정했습니다. 불법 피라미드는 부모 회원부터 자식 회원, 손자 회원 순으로 회원이 쥐가 번식하듯이 끝없이 기하급수적으로 증식해가는 시스템을 사용합니다.

이런 유형의 사기를 치는 사람은 '당신은 회원 다섯 명만 모으면 되는 거야' 하고 말합니다. 그리고 자기 밑으로 들어오는 회원으로부터 회비가 본인에게도 조금씩 들어오는 구조를 설명합니다. 다섯 명을 모으는 정도야 간단하게 보일 수도 있지만, 그 다섯 명이 각각 다섯 명의 회원을

모으면 25명이 되고, 그 25명이 또 5명씩 모으면 125명이, 또 5명씩 모으면 625명이 된다는 것이지요. 이 급격한 증가는 등비수열이 됩니다. 처음 다섯 항까지 살펴볼 때는 증식 속도가 크게 눈에 띄지 않을 수도 있습니다.

5+25+125+625 이렇게 더해가는 사람 수가 전체 회원이 됩니다. 이 회원들 모두에게서 조금씩 돈이 들어오면 아무 일도 하지 않고 돈을 벌 수 있다고 생각하는 사람도 있겠지요. 그러면 '당신은 회원 다섯 명만 모으면 되는 거야'라는 악마의 속삭임에 쉽게 넘어가 버리게 되는 것입니다. 그런데, 그들은 무엇을 위해 학교에서 등비수열을 공부한 걸까요.

불법 피라미드 판매의 증가 시스템

1,200만 명이 살고 있는 수도권에서 최초 5명의 회원 비율을 계산해봅시다. 이것은 불법 피라미드 회원을 만날 확률과 같습니다.

$$\frac{5}{12000000} = 0.00000041666$$

최초의 5명과 만날 확률이 매우 낮다는 것은 당연한 이야기입니다. '당신은 특별한 사람이에요'라는 말에도 설득력이 생기지요.

다음 세대는 최초의 5명이 각자 5명씩 끌어들여 25명입니다. 회원 수는 최초의 5명과 합하면 30명이 됩니다.

$$\frac{30}{12000000} = 0.0000025$$

100만 명 중 2~3명이라는 확률이 됩니다. 다음으로 25명이 5명씩 끌어들이면 125명입니다. 앞 세대의 30명과 합하면 전체 155명입니다.

$$\frac{5+25+125}{12000000}=0.0000129$$

10만 명 중 한 명의 확률이네요. 계속해서 반복해봅시다.

$$\frac{5+25+125+625}{12000000}=0.000065$$

780명에 625×5를 더합니다.

$$\frac{780+3125}{12000000}=\frac{3905}{12000000}=0.0003$$

$$\frac{3905+15625}{12000000}=\frac{19530}{12000000}=0.0016$$

따라서 1,000명 중 1명 혹은 2명일 확률이 됩니다. 기억해야 할 것은 이 인구 숫자에는 아기나 초등학생도 포함되었다는 점입니다. 다음은 15625×5를 더합니다.

$$\frac{19530+78125}{12000000}=\frac{97655}{12000000}=0.0081$$

최초의 1명을 1세대라고 할 때 8세대가 되면 비율은 약 100명 중 1명이 됩니다. 연령 구성을 무시하고 계산했기 때문에 회원이 될 가능성이 있는 사람들은 1,200만 명보다는 훨씬 적겠지요. 이 계산은 하면 할수록 커지는 속도가 빨라집니다.

한 번 더 계산하면

$$\frac{97655+78125\times5}{12000000}=0.0407$$

25명에 1명꼴이 됩니다. 이 이상 회원을 모으기는 현실적으로 불가능하겠지요. 이 수치는 등비수열을 공부한 사람은 알 것입니다. 실제로 등비수열에 따라 움직이는 현상이 있다는 말이네요.

등비수열이 증가하는 추세를 머리가 아니라 몸으로 이해해두면 좋겠지요. 그러기 위해서는 몇 번이고 등비수열을 실제로 계산하고 그래프로 만들어 등차수열과 비교해보아야 합니다. 초등학생도 할 수 있을 것 같은데, 어떤 상황을 이해하기 위해서는 간단한 작업을 반복하지 않으면 안 됩니다. 아무래도 요즘 공부는 이런 부분이 부족하지요. 아무리 머리가 좋아도 처음 하는 일은 마찬가지입니다.

이과 학생이 불법 피라미드 수법에 걸려들었다고 웃을 수는 없습니다. 요즘은 인터넷으로 이런 사기를 일삼는 사기꾼과, 반대로 단순한 다단계 판매에 걸려드는 사람이 늘고 있습니다. 앞으로도 주의해야겠습니다. 등비수열의 증가를 제대로 알고 있다면 이런 사기꾼을 만나도 혹하지 않고 지나갈 수 있겠지요.

미래를 예상할 수 있는 점화식

점화식

수열의 몇 개의 항 사이에 항상 성립하는 관계식을 말한다. 점화식으로 수열을 정의하는 방법을 귀납적 정의라고 한다.

현재에서 다음으로 변화를 나타내는 식

등차수열은 다음과 같이 정의합니다.

$a_1=a$, $a_{n+1}=a_n+d$, a는 초항, d는 공차입니다.

수열의 각항은 앞의 항이 정해지면 계산할 수 있습니다. 초항이 정해져 있기 때문에 다음과 같은 순서로 수열의 항의 값을 계산합니다.

$a_2=a_1+d=a+d$

$a_3=a_2+d=(a+d)+d=a+2d$

$a_4=a_3+d=(a+2d)+d=a+3d$

$a_5=a_4+d=(a+3d)+d=a+4d$

이렇게 앞의 번호가 붙은 몇 개의 항을 사용하여 다음 번호의 항을 계산해나가는 정의 방법을 귀납적 정의라고 합니다. 점화식을 순서대로 사용하여 수열의 값을 구하는 것도 의미가 있지만, 100번째 정도가 되면 엄청난 일이지요. a_n을 직접 구하는 방법은 없을까에 대한 고민으로 고등학교에서 점화식의 해법을 배웁니다.

점화식은 지금의 상태에서 다음 상태로 어떻게 변화하는지를 나타내는 식입니다. 예를 들어 현재의 인플루엔자 감염자 수에서 앞으로 늘어날 감염자 수를 예측 계산하는 것입니다. 현재의 감염자 한 명이 몇 명에게 바이러스를 전파하는가를 따지는 것이지요. 한 명이 m명에게 감염시킨다는 것을 알면 다음 단계의 감염자 수 a_{n+1}은 현재의 감염자 수 a_n명을 사용하여 $a_{n+1}=ma_n$으로 표시할 수 있습니다. 현상을 엄청나게 단순화하고 있지만, 근본적인 개념은 같습니다.

소문이 제대로 전달될 확률과 잘못 전달될 확률

소문이 전해지는 상황을 점화식으로 생각해볼까요. 특히 제대로 전달될지 아닐지를 주목합니다. 우선 잘못 전달될 확률을 따져보겠습니다. 가장 간단한 상태로 모델을 설정해봅시다.

'잘못 전달될 확률'을 α(알파)라고 합니다. 이 확률은 매우 낮기 때문에 α는 0에 가깝고 0보다는 큰 수라고 합니다. a_n을 'n번째 사람이 올바른 소식을 듣게 될 확률'이라고 하겠습니다. b_n을 'n번째 사람이 잘못된 소식을 듣게 될 확률'이라고 합니다. 처음에 소문을 퍼뜨린 사람이 바르게 들었다고 하면, 그 사람이 0번째 사람이 됩니다.

$a_0=1$, $b_0=0$이 점화식의 초깃값이 됩니다. n+1번째 사람이 바르게 들었을 확률은 a_{n+1}, 잘못 들을 확률은 b_{n+1}이 되지요. 이 두 가지 확률을 n번

째 사람이 바르게 들을 확률 a_n과 n번째 사람이 잘못들을 확률 b_n으로 나타내볼까요.

소문이 바르게 전달될 확률은 $1-\alpha$, 잘못 전달될 확률은 α입니다.

바르게 들을 확률 a_{n+1}은, n번째 사람이 바르게 듣고 a_n, 바르게 전달될 경우 $1-\alpha$와 n번째 사람이 잘못 듣고 b_n, 잘못 전달될 경우 α의 조합으로 일어납니다. 식으로 만들면 다음과 같습니다.

$a_{n+1}=(1-\alpha)a_n+\alpha b_n$

마찬가지로 b_{n+1}은 n번째 사람이 소문을 바르게 듣고 a_n, 잘못 전달될 경우 α와, n번째 사람이 잘못 듣고 b_n, 바르게 전달될 $1-\alpha$라는 두 가지 경우가 있으므로 다음과 같은 식으로 표현할 수 있습니다.

$b_{n+1}=\alpha a_n+(1-\alpha)b_n$

이것을 인접이항 연립점화식이라고 합니다.

$a_0=1,\ b_0=0$

$a_{n+1}=(1-\alpha)a_n+\alpha b_n$ …… (1)

$b_{n+1}=\alpha a_n+(1-\alpha)b_n$ …… (2)

$0 < \alpha < 1$

바르게 들을 경우 a_n과 잘못 들을 경우 b_n 두 가지 외에는 고려하지 않으므로

$a_n+b_n=1$

따라서 $b_n=1-a_n$이 되므로 처음 식 (1)에 대입하여

$a_{n+1}=(1-\alpha)a_n+\alpha b_n=(1-\alpha)a_n+\alpha(1-a_n)$

$\therefore a_n+1=(1-2\alpha)a_n+\alpha$

이 풀이는 고등학교 교과서에도 실려있으므로 결과를 써둡니다.

$$a_n = \frac{1}{2} + \frac{1}{2}(1-2\alpha)^n$$

$0 < \alpha < 1$에서 $-1 < 1-2\alpha < 1$이므로 $(1-2\alpha)^n \to 0 (n \to \infty)$가 성립합니다. a_n은 중간에 몇 사람이나 들어가면 1/2에 가까워집니다. 이 확률은 전해 듣는 이야기가 맞을 경우의 확률이 반반이라는 뜻이지요. 믿어도 될지 어떨지 알 수가 없네요. α가 아무리 작아도, 다시 말해 잘못 전해질 확률이 아무리 낮아도 0이 아니라면 같은 일이 벌어집니다. 소문은 자신의 눈으로 확인할 때까지는 함부로 믿으면 안 되겠군요.

트루먼의 낙선을 잘못 예상한 통계 법칙

통계 조사를 위해 필요한 샘플 수

$$\frac{N}{\left(\frac{e}{k}\right)^2 \times \frac{N-1}{P(100-P)}+1}$$

N은 전체의 사람 수(모집단)

e는 허용할 수 있는 오차의 범위

k는 신뢰도=1.96

통계의 5% 검정

P는 상정하는 조사결과의 응답 비율

모집단의 수	필요한 샘플 수
2	2
100	94
1,000	607
100,000	1,514
10,000,000	1,537
1,000,000,000	1,537

▶ 10만 명이든 10억 명이든 필요한 샘플 수는 같다

위의 수식을 보면 왠지 복잡해 보이지요. 이것은 여론조사에서 사용하는 식입니다. 이 수식을 통해 N명 중에서 조사에 필요한 사람 수를 알 수 있습니다. 이 식을 만드는 방법은 통계학 전문 서적에 양보하기로 하고, 실제 어느 정도의 샘플 수를 조사하면 되는지 계산한 것이 위의 표입니다. 결과는 '모집단이 10억 명이어도 샘플 수는 1,537명만 있으면 된다'입니다. 정말인지 의심부터 들게 하는 결과인데요, 이것이 통계학의 어려운 부분이지요.

왜냐하면, 이 10억 명 중 1,537명은 무작위로 골라야 하기 때문입니다. 무작위란 완전한 우연으로 샘플을 고른다는 뜻입니다. 흔히 TV에서 볼 수 있는 '긴자 거리에서 500명에게 물었습니다'와 같은 조사는 애초에 긴자에 있는 사람이라는 한정된 시점에서 보는 결과이므로 전체의 통계 조사로서의 의미가 없습니다.

신문 등의 여론조사에서 샘플 수가 2,000명 정도인 것은 앞의 표에 사용된 수치에 근거한 것입니다. 일본 전체 인구인 1억 2,000만 명을 대상으로 하는 경우라도 2,000명만 조사하면 된다는 말입니다. 다만 무작위여야만 합니다.

한 신문사에서 이런 조사를 했던 적이 있습니다. 2,000명의 여론조사 샘플 중에서 농림수산업 종사자를 20명 늘리면, 그들에게 유리한 정책을 펼치는 정부에 대해 1% 포인트 정도 지지율을 올릴 수 있다는 겁니다. 실제 어떤 신문사에서의 조사 대상자를 보면 1,890명 정도의 샘플 중 농림수산업 종사자가 지난 조사와 비교해 72명에서 94명으로 늘어난 경우가 있었습니다. 이것은 대상자 구성 비율의 1% 이상의 변화로 단순한 우연이라고 생각하기는 어렵겠지요. 여론조사를 하는 미디어가 정부를 지지하고 있는 경우라면, 이런 방식으로 정부에게 유리한 결과가 나오도록 유도할 수도 있다는 말입니다.

▶ 무의식적인 작위적 행동이 일어날 수도 있는 통계조사

특별한 의도가 없더라도 모르는 사이에 작위적인 행동을 해버릴 때도 있습니다. 그 때문에 미국의 유명한 여론조사 회사인 갤럽은 한 여론조사에서 보기 좋게 예측에 실패했습니다. 트루먼은 제2차 세계대전이 막바지에 이를 무렵, 세계에서 최초로 원자폭탄이라는 검고 작은 상자를 가지고 외교를 했던 미국의 대통령입니다. 갤럽은 대통령 선거에 출마한 트루먼이 재선에 실패할 것이라고 예상했었지요. 그러나 갤럽의 예상은 보기 좋게 빗나갔고 트루먼은 대통령에 당선되었습니다.

미국에서 여론조사는 사회적으로도 정치적으로도 중요한 역할을 하고 있습니다. 여론의 지지를 받지 못하는 대통령은 정치적 결단을 할 수 없습니다. 이 예측의 실패는 여론조사에 대한 신뢰를 무너뜨렸습니다.

예상이 빗나간 원인을 조사해보니, 조사 대상이 고학력·고수입인 사람들에게 편중되어 있었다는 사실이 밝혀졌습니다. 조사 대상은 조건만 맞으면 누구든지 가능했으므로 조사원이 조사하기 쉬운 자신과 비슷한 계층의 사람들(고학력·고수입 자)을 선택했던 것이지요. 특정 계층의 사람들만을 대상으로 조사해서는 정확한 결과를 낼 수가 없습니다. 실제 분포를 나타내는 샘플을 구하는 것은 매우 어려운 일이랍니다.

또, 질문 방법에 따라 긍정으로도 부정으로도 대답을 유도할 수 있습니다. 신문의 여론조사를 읽을 때는 어떻게 질문을 했는지 주의 깊게 살펴볼 필요가 있습니다. 모두가 지지하고 있으니 옳다고 생각하는 사람이 늘어나면 분명 문제가 있는 것입니다. 스스로 자료와 숫자를 정확하게 살펴보고 판단할 수 있어야겠습니다.

인구 문제는 지수 함수로 예상할 수 있다?

지수 함수

초항이 1이고 공비가 2인 등비수열

$1, 2^1, 2^2, 2^3, \cdots\cdots, 2^{n-1}, \cdots\cdots$

여기서 2의 거듭제곱은 자연수이지만,

이것을 실수로 가정하고, $y = 2^x$라는 형태의 함수를 고려한다.

이런 함수를 '지수 함수'라고 한다.

$$\frac{dN(t)}{dt} = \gamma N(t)$$

이 미분방정식의 해는 다음과 같다.

$$N(t) = N(0)e^{\gamma t}$$

짧은 기간 동안 일어나는 연속적인 변화는 어떻게 조사할까?

인구의 증감은 국가 차원에서 매우 중요한 문제입니다. 경제에 미치는 영향이 크기 때문에 대부분의 국가는 자국의 인구가 앞으로 어떻게 변화할지 조사하고 있습니다. 신문과 같은 언론 매체에서는 1년 동안의 인구 변화를 다루는 일이 많지만, 증가가 심할 때는 1일이나 1초 단위의 변화를 조사합니다.

또, 세포 분열이 빠른 인플루엔자 바이러스의 개수를 조사할 때는 증가하는 방법과 속도를 분 단위, 초 단위로 고려합니다.

이렇게 짧은 기간의 변화를 조사하려고 할 때, 등비수열로 본다면 변수가 n이 되므로 1년째, 2년째 이렇게 1년 단위만 생각할 수 있습니다. 이러면 원하는 정보를 얻기 어려우므로 이차 함수의 그래프처럼 **다양한 수량의 연속적인 변화를 나타내는 '실수'를 변수로 하는 함수로 고려하는 것이 '지수 함수'입니다.**

● **지수 함수 $y = 2^x$의 그래프**

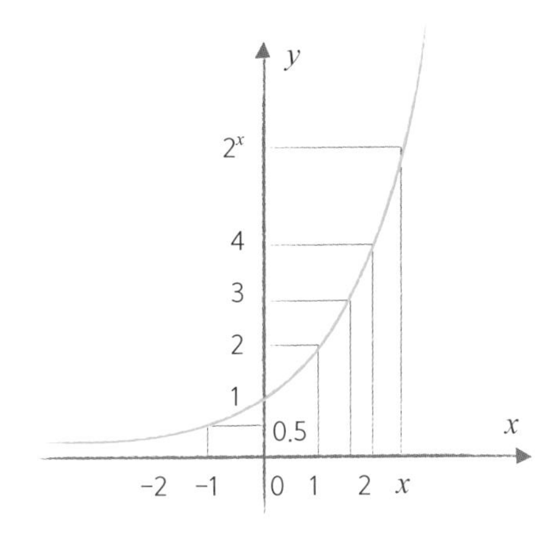

지수 함수의 그래프를 볼까요. 영국의 경제학자 토머스 맬서스(Thomas Robert Malthus)는 이 지수 함수를 사용해 인구에 관한 '맬서스 모델'을 만들었습니다. 전 인구를 N, 시간을 t, 사망률을 α(알파), 출생률을 β(베타)라고 하면 인구의 변화는 N을 미분한 $\frac{dN}{dt}$(인구의 증가와 감소는 속도로 나타낼 수 있습니다. 속도를 구할 때는 미분을 사용합니다. 인구가 변화하는 속도를 나타내는 기호라고 생각하면 됩니다)가 됩니다. 인구의 변화는 단위 시간에 사망하는 사람 수와 태어나는 사람 수의 차인 $\beta N-\alpha N$입니다. 여기서 맬서스 모델은 다음과 같습니다.

$$\frac{dN}{dt}=\beta N-\alpha N=(\beta-\alpha)N$$

$\beta-\alpha=\gamma$ 라고 하면

$$\frac{dN}{dt}=\gamma N$$

이렇게 미분을 포함한 방정식을 '미분방정식'이라고 합니다. 처음에 제시한 공식에 있는 것처럼 이 방정식의 해인 인구의 변화는 지수 함수가 되겠지요.

● **지수 함수 $y = 2^x$ 와 이차 함수 $y = x^2$ 의 증가속도**

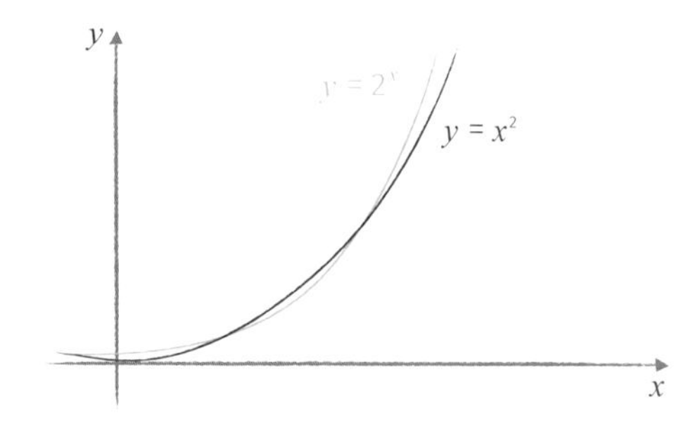

▶ 맬서스의 예상

인구는 지금도 계속해서 증가하고 있습니다. 맬서스의 예상에 따르면 인구는 맬서스 모델에서 구한 지수 함수로 증가합니다.

그런데 당시의 농산물은 등차수열로만 증가했습니다. 위의 그래프를 보면 알 수 있듯이 지수 함수와 등차수열의 합인 이차 함수를 비교하면 지수 함수가 빨리 증가합니다. 그래서 맬서스는 언젠가 인구 증가로 인해 반드시 식량 위기가 닥친다고 생각했습니다.

하지만 오늘날 식량 부족의 원인은 빈곤과 전쟁이지요. 맬서스가 예상했던 이유로 식량 부족이 일어나지는 않았습니다.

그러나 현재 부유한 국가에만 식량 자원이 모이고 있어 전 세계적으로 식량 공급의 균형이 맞지 않는 상황입니다. 게다가 장기적으로 보았을 때 지구 전체의 인구 증가가 언젠간 멈출지도 모릅니다. 지구상의 모든 사람에게 공급하는 데 필요한 식량의 총량을 일본인의 평균 섭취 열량으로 어림잡아 계산해보면, 지금의 전 세계 식량 생산량으로는 빠듯한 정도입니다. 인구가 급작스레 증가하면 식량은 완전히 부족하게 됩니다. 이렇게 보면 인구 문제도 지구 온난화와 비슷할 정도로 큰 문제입니다.

08 정규분포와 편찻값

정규분포

평균값 부분을 정점으로 하여 좌우대칭의 산 모양으로 나타나는 데이터 분포.
평균에서 ±1 표준편차에 들어가는 비율이 68.3%, ±2 표준편차에 들어가는 비율이 95.4%, ±3 표준편차에 들어가는 비율이 99.73%인 성질을 가진다.

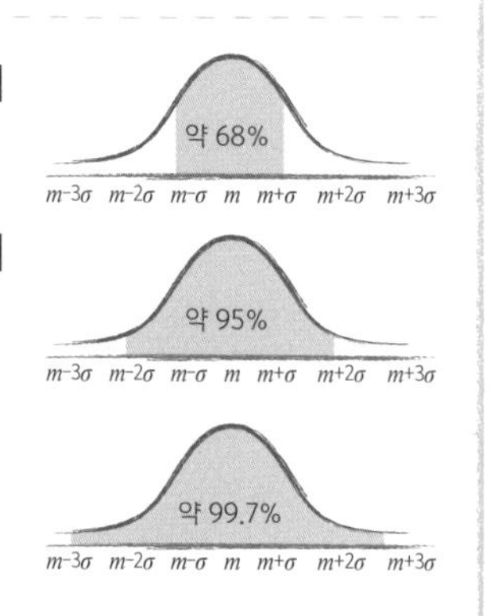

평균보다도 데이터의 특징을 잘 알 수 있는 수치라고?

데이터의 특징을 알아볼 때 흔히 평균값을 사용합니다. 하지만 평균값만으로는 뭔가 부족할 때가 있지요. 예를 들어 (3, 3, 3)과 (1, 3, 5)라는 두 가지 데이터가 있을 때, 평균값을 구해서는 의미가 없습니다. 실제 데이터의 특징은 상당히 다른데도 양쪽 다 평균값은 3이기 때문이지요.

그래서 데이터가 어느 정도나 평균값 주위에 모여있는지를 알아보는 수치를 사용합니다. 바로 '**분산**'과 '**표준편차**'입니다.

(1, 2, 3, 4, 5, 6, 7)인 데이터로 계산해봅시다.

평균값은 (1+2+3+4+5+6+7)÷7=4

각 데이터와 평균 사이의 차를 구해보면

1−4=−3, 2−4=−2, 3−4=−1, 4−4=0, 5−4=1, 6−4=2, 7−4=3입니다.

다음, 이 하나하나의 수를 제곱합니다.

9, 4, 1, 0, 1, 4, 9가 되지요.

이들 수의 평균값을 구합니다. 이것을 '분산'이라고 합니다.

(9+4+1+0+1+4+9)÷7=4

분산은 V(X), σ^2(X), σ^2 등으로 표시합니다.

평균과 분산을 사용하면 데이터의 중심부와 그 주위의 흩어진 정도를 알 수 있지요.

그러나 분산을 쓰는 데도 문제점이 있습니다. 데이터와 평균의 차를 제곱하기 때문에 원래 데이터와 단위가 달라져 버립니다. 데이터가 키(cm)라면 분산의 단위는 cm^2이 되고, 데이터가 보리 생산량(t)이라면 분산은 t^2이 된다는 말이지요. 그러므로 단위를 원래대로 되돌려 정리하기 위해서 분산의 제곱근을 사용합니다. 분산의 제곱근을 '표준편차'라고 하고 σ(X), σ 등으로 표기합니다.

평균과 표준편차를 알면 **'정규분포'**를 쓸 수 있습니다. 정규분포는 통계에서 자주 사용되며 그래프는 좌우대칭인 종 모양이 됩니다. 대칭축이 평균값이 되며, 평균에서 표준편차의 범위 안에 어느 정도 비율이 포함되지를 알 수 있습니다.

▶편찻값의 메커니즘

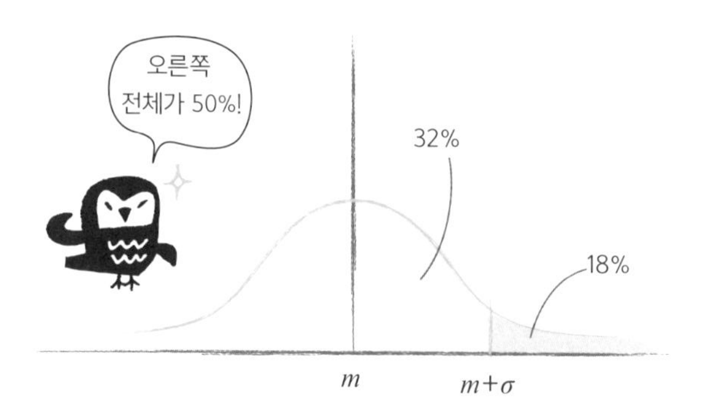

정규분포 그래프를 통해 무엇을 알 수 있을까요? 위 그래프와 같이 테스트의 평균점이 m이고 표준편차가 σ라고 하겠습니다. 대칭축을 기준으로 오른쪽과 왼쪽이 50%씩 나누어집니다. 만약 자신의 점수가 m+σ를 조금 밑돈다고 합시다. m+σ 이상인 점수를 받은 사람은 전체의 50−32=18%가 됩니다. 즉, 자신보다 점수가 좋은 사람이 약 2할보다 조금 적은 정도가 됩니다. 이런 사용법은 평균(m)이나 표준편차(σ)가 바뀌어도 마찬가지입니다. 학교 전체에서 자기 위로 몇 %의 학생이 있는지, 전국에서 자신보다 점수가 좋은 사람이 몇 % 있는지를 평균점과 표준편차를 통해 알 수 있습니다.

이 발상에서 만들어진 개념이 편찻값입니다. 득점이 a인 사람의 편찻값은 다음과 같이 계산할 수 있습니다.

$$50+\frac{(a-m)}{\sigma}\times 10$$

이것은 일본에서 주로 사용하는 편찻값의 일반적인 식입니다. 이 식을 사용하면 평균이 언제나 50점으로 변환되어 개별 평균점이 다른 테스트

결과라도 자신이 전체 중에서 어느 정도의 위치에 있는지를 수치로 알 수 있습니다. 교육 분야에서 편찻값을 사용하는 것은 당연한 일이겠지요.

하지만 편리한 반면에 문제점도 있습니다. 편찻값은 평균점이 아무리 낮아도 사용할 수 있습니다. 그래서 학교 전체의 실력이 떨어지더라도 평균 편찻값은 50이 되고, 자신의 성적도 그에 따른 편찻값이 되겠지요. 즉 평균점수가 20점이라도 평균 편찻값이 50으로 변환된다는 말입니다.

이렇게 주위와 비교해서 어느 정도 위치에 있는지를 판단하는 것을 '상대 평가'라고 합니다. 편찻값은 상대 평가의 전형적인 예입니다. 이것만 가지고는 특정 국가 전체의 학력 저하를 알아차리기는 불가능합니다.

그에 반해, '이 테스트에서 60점을 받지 못하면 수학 실력이 좋다고 할 수 없다'와 같이 정해진 기준이 있는 것이 '절대 평가'입니다. '대학생이라면 분수 계산은 할 수 있어야 한다'와 같은 주장은 절대 평가에서 생겨났습니다. 자신이 가진 본래의 능력을 알고 싶다고 생각한다면 절대 평가로 판단해야 합니다. 테스트의 순위에 얽매일 필요는 없습니다. 학교에서 배운 것을 어떻게 하면 사회생활에 응용할 수 있을지를 생각해야겠지요.

편찻값을 사용할 때는 점수의 분포가 정규분포라는 전제가 있습니다. 통계 처리를 할 때 정규분포를 사용하는 것은 다양한 확률이나 비율을 간단하게 구할 수 있기 때문이지요.

하지만 현실 사회의 분포가 꼭 정규분포가 되지는 않습니다. 수학 테스트는 점수가 정규분포가 되는 일이 흔치 않습니다. 정규분포의 개념을 사용한 통계 처리의 결과가 반드시 정확한 결과를 알려주지는 않는다는 사실을 잊지 말아야겠습니다.

PART 3

돈에 얽힌 수학

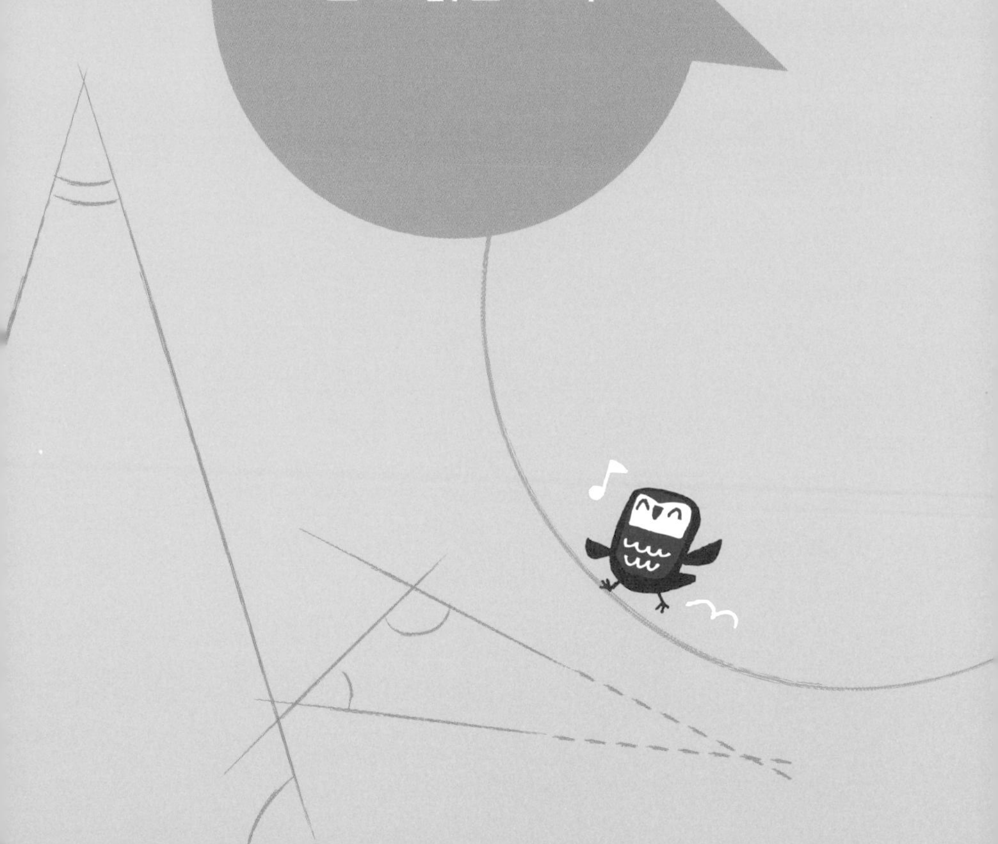

이자 계산은 %의 발명으로 아주 심플하게!

% (퍼센트, 백분율)

비율을 나타내는 단위로, 전체를 100으로 할 때 차지하는 양을 나타낸다. 소수로 변환하면 1%는 0.01이 된다.

그 외의 비율로는 다음과 같은 것이 있다.

1할=0.1

1푼=0.01

1리=0.001

떼려야 뗄 수 없는 '소수'와 '%'

인원이 40명인 학급에 키가 160cm 이상인 학생이 15명 있습니다. 키가 160cm 이상인 학생이 전체에서 차지하는 비율은 다음과 같이 계산할 수 있습니다.

$$\frac{15}{40}=0.375$$

소수로는 0.375, 백분율로는 37.5%, 할·푼·리로는 3할 7푼 5리입니다.

이럴 경우에는 소수보다는 백분율로 표기하는 경우가 많습니다.

주로 소수나 백분율로 표기하는 수치로는 은행 예금이자나 주택 담보대출의 금리가 있습니다. 예를 들어 은행에 2,000만 원을 맡겨두었을 때의 이자가 1%라면 다음과 같이 계산합니다.

2,000만 원×0.01=20만 원

1년간 20만 원의 이자가 붙는다는 의미입니다. 주택 담보대출을 받을 때도 소수를 사용하는데, 이자 표시는 '연이자 ○%'로 하는 경우가 많지요.

백분율 %의 역사

비율을 나타내는 '백분율(%)'에는 아주 오랜 역사가 있습니다. %는 원래 소수를 일반적으로 사용하지 않던 옛날 유럽에서 '100중에 1'을 단위로 고안해낸 양입니다. 소수를 대신해서 작은 수를 표현했던 수단이었지요. 이 양을 처음으로 사용했던 이들은 아마도 15세기 이탈리아 르네상스 시대의 상인들일 것입니다. 지금은 소수가 없는 세계를 상상하기도 어렵지만, 그 당시에는 1보다 작은 수를 나타낼 때 기본적으로는 분수를 사용했습니다.

요즘 쓰는 10진법 소수가 유럽에서 사용되기 시작한 것은 16세기에 들어서부터였지요. 중국과 인도에서 아라비아로 전해지고, 거기서 깔끔하게 정리되어 유럽으로 전해진 것입니다. 그때까지 작은 수를 나타내야 할 때, 특히 천문학의 연구에서는 바빌로니아에서 발달해온 60진법의 분수를 사용하고 있었습니다. '○시 ○분 ○초'라는 시간의 표시 방법에 그 흔적이 어렴풋이 남아 있지요. 소수점 제1자리는 1/60이 몇 개가 있는가, 다음의 소수점 제2자리는 1/3600이 몇 개가 있는가를 의미합니다. 1시간을 60으로 나누면 1분이 되고, 또 1분을 60으로 나누면 1초(1시간의 1/3600)가 되지요.

그러나 이런 방법으로 작은 수를 표현하는 방법은 물건을 사고파는 데는 사용하기가 무척 어려웠습니다. 그래서 100에 대해 어느 정도를 차지하는지 표현하는 백분율(%)을 생각해내었지요. 이자나 세금 계산을 할 때 이 방법은 매우 편리합니다. 예를 들어 100에 2의 이자로 4,000만 원을 빌린다면 이자는 80만 원이라는 계산이 나오지요.

2×(4000÷100)=80만 원

이러면 소수나 분수가 필요 없고 일반적인 곱셈, 나눗셈으로도 할 수 있지요. 10진법의 소수가 없던 시대에 매우 편리한 계산법이었습니다. 당시의 상업에는 은행 업무도 있어 오늘날과 크게 다르지 않았습니다. 바로 그 『베니스의 상인』의 무대였답니다.

서양의 백분율, 동양의 몬시

지구상의 완전히 다른 장소에서 동시에 같은 일이 일어났습니다. 역사 속에는 이런 신기한 일이 일어나기도 합니다. 바로 일본에서도 %와 같은 의미를 가진 단위를 같은 시기에 사용하기 시작했던 것입니다.

세상이 농업 중심일 때 경제는 1년을 주기로 돌아갑니다. 씨를 뿌리고 수확하기까지의 1년을 말하는 것이지요. 그러나 상업이 발달하면서 돈을 빌려주거나 돌려주는 기간이 취급하는 물건에 따라 짧아집니다. 이 변화가 현저하게 보이는 시기가 일본에서는 무로마치 시대, 특히 오닌의 난(1467~1477년) 즈음이었습니다. 정확히 백분율이 유럽에서 사용되기 시작한 시기입니다.

이때 일본에서는 '몬시'라는 단위를 사용하기 시작했습니다. 상업이 발전하면 돈의 회전이 빨라집니다. 돈을 빌리고 갚는 기간이 1년보다 짧아지면 꼼꼼한 이자 계산이 필요하게 됩니다. '할'의 1/10까지 다루어야 하는 시대가 오면서 바로 '몬시'가 생겨났습니다. 은 100돈을 1개월 빌리면 이자는 은 1돈, 이것을 1몬시라고 말합니다. 바로 %와 같은 의미였지요.

등비수열로 불어나는 빚

등비수열

수열 $\{a_n\}$ 이 $a_{n+1} = r a_n$인 관계로 정의되는 것이다.

$a_1 = a$를 이 수열의 초항, r 을 공비라고 한다.

$a,\ ar,\ ar^2,\ ar^3,\ ar^4,\ \cdots\cdots$

n 번째 항 a_n(일반항)은 아래 식으로 구할 수 있다.

$a_n = ar^{n-1}$

1.3^3배로 원금의 2배 이상!

일본에는 '빌릴 때 웃는 얼굴, 갚을 때 찡그린 얼굴'이라며 돈을 빌려 쓰는 사람을 경계하라는 말이 있습니다. 많은 이들이 돈이 궁하면 대출 조건을 제대로 보지 않고 일단 빌리려고 하지요. 법으로 엄격하게 제한되어 있기는 하지만, 자세히 따져보지 않은 조건에 발목을 잡혀 말도 안 되는 불리한 이자 납부를 강요당하기도 합니다.

돈을 빌려야 한다면 사전에 복리로 어느 정도 증가하는지 제대로 계산해두어야 합니다. 이런 대출금에 대한 시뮬레이션을 위해 등비수열을 사용할 수 있습니다.

일본의 거품경제 시절에는 주식이 대부분 오르고 있었기 때문에 3개월에 30% 정도 오르는 주식을 찾기가 그다지 어렵지 않았습니다.

그러면 자신이 가진 돈을 두 배로 늘리려면 어떻게 하면 될까요? 초기 자본 50만 엔으로 산 주식의 가격이 30% 올랐다고 칩시다.

$50 \times 1.3 = 65$

65만 엔으로 늘어납니다.

다시 이것을 밑천으로 산 다른 주식이 30% 오르면

$65 \times 1.3 = 84.5$

84만 5,000엔으로 늘어납니다. 다시 이 돈을 밑천으로 투자한 주식이 30% 올랐다고 하면 다음과 같습니다.

$84.5 \times 1.3 = 109.85$

초기 자본금 50만 엔이 109만 8,500엔으로 두 배 이상 늘어났습니다. 이것은 등비수열의 공비가 1.3인 상황에 해당합니다. 1.3의 공비를 세 번 곱하면 두 배가 넘습니다. 이 숫자를 기억해두면 좋겠습니다.

$1.3^3 = 2.197 \fallingdotseq 2.2$

복리 이자는 눈덩이처럼

현재의 은행 이자는 거의 0에 가까운 이율입니다. 제가 대학을 다니던 시절에는 우체국 저축 이율이 7% 정도였습니다. 이 이율로 10년 정도 저축하면 원금이 두 배 가까이 됩니다. 계산해볼까요. 공비(이자)를 몇 번 곱할지 알면 원금을 굳이 정할 필요는 없습니다. 공비 1.07을 10회 곱하면, 다시 말해 열 제곱하면 이자가 어느 정도 붙는지 알 수 있습니다.

$1.07^{10} = 1.9672$

약 두 배가 됩니다. 티끌 모아 태산 된다는 말도 있지만, 7%의 이자는 티끌 정도가 아니지요. 1만 엔에 700엔이나 붙으니까요. 한때 운영했던 연이율 24%는 정말 엄청난 이자였던 것입니다.

일본의 시대극을 보면 고리대금업자가 '도이치(十一)'로 돈을 빌려준다는 이야기가 흔히 나옵니다. 10일에 1할, 즉 10%의 이자가 붙는다는 의미입니다. 터무니없는 이야기이긴 하지만, 1년 동안 어느 정도의 이자가 붙는지 계산해볼까요.

100만 엔을 빌린다는 설정으로 생각해봅시다. 10일에 10%이므로 한 달 동안 세 번이나 10%씩 이자가 붙습니다.

$100 \times 1.1^3 = 100 \times 1.331 = 133.1$만 엔

처음에 했던 계산을 생각해봅시다. 약 30%의 이자가 세 번 붙으면 원금이 두 배가 됩니다. 1개월에 30%의 이자가 3개월 계속되면 두 배, 다시 말해 3개월에 200만 엔을 넘게 됩니다.

1년 동안 100만 엔을 빌린다고 하면 365일을 360일로 계산하더라도 이자가 붙는 주기인 10일이 36회가 되지요.

$100 \times 1.1^{36} = 100 \times 30.9 = 3{,}090$만 엔

100만 엔이 1년 만에 약 3,000만 엔이 됩니다. 현재 이런 높은 이자로 돈을 빌려주는 일은 법률로 금지되어 있습니다. 단지, 복리로 이자가 붙는다는 것은 눈덩이처럼 빚이 늘어간다는 뜻임을 알고 있어야겠습니다. 혹시라도 돈을 빌린다면 반드시 바로 갚아야겠지요.

주택 담보대출일 때는 이자가 엄청나게 높지는 않고, 연간 4% 정도가 됩니다. 이 경우는 빌린 시점부터 매월 갚아 나가기 때문에 단순히 빌리기만 하는 형태는 아닙니다. 여기서는 빌리기만 한 경우로 가정하고 어느

정도의 금액이 되는지를 보겠습니다. 연간 4%로 10년 동안 빌린다면 몇 배가 될까요?

$1.04^{10}=1.4802$

약 1.5배이므로 3,000만 엔을 빌리면 4,500만 엔 정도가 됩니다. 역시 빨리 갚아야겠네요.

보험 속의 수학, 큰 수의 법칙

큰 수의 법칙

아주 많은 시행을 반복할 때
사건이 일어나는 횟수가
이론상의 값에 가까워지는 법칙

홀인원의 확률로 보는 보험

'큰 수의 법칙'은 이렇게 글만 읽어서는 어떻게 응용해야 할지 알기 어렵습니다. 그래서 골프에서 홀인원이 일어날 확률을 예로 들어 생각해보겠습니다. 과거의 데이터를 살펴보면 2만분의 1의 확률로 홀인원이 있었다고 합니다. 이 확률을 '미래에 일어날 홀인원의 발생 확률'이라고 가정합니다. 나름대로 아주 많은 데이터를 다룬 결과이기 때문에 올바른 정보라고 할 수 있습니다. 다시 말해, 앞으로 골프를 계속 치면 2만분의 1의 확률로 홀인원이 일어난다는 말이지요.

홀인원이 나오면 관례로 파티를 열기도 합니다. 비용은 본인이 대야 하므로, 그 비용을 내기 위해서 만들어진 홀인원 보험도 있습니다. 이 보험을 만들 때, 앞에서 말한 '2만분의 1'이라는 확률을 고려합니다.

생명 보험이나 손해 보험도 기본 개념은 마찬가지입니다. 연령에 따라 꽤 차이가 있겠지만, 연간 어느 정도 사람이 죽는지를 고려하여 전체 사람 수로 평균을 내서 생명 보험의 사망률을 산정합니다. 환불 비용이나 보험사의 이익, 보험금의 운용 이익 등의 요소는 생각하지 않고 주요 골자만 고려하겠습니다.

보험을 팔거나 모집할 때 보험금을 계산하기 위해서는 목표 계약 수를 미리 설정합니다. 이 수를 계약 대상 건수라고 부릅니다.

계약 대상 건수가 1만 건인 보험이 있다고 가정하겠습니다. 모집 대상자 중에서 최근 1년 동안의 사망 건수가 1,000건 있다고 봅시다. 사망 시에 지급하는 보험금을 500만 엔으로 설정하고 이 조건에서 1년의 보험금액 전체를 계산합니다.

계약한 사람이 사망할 확률은 1000/10000건=0.1(10%)입니다. 이 사망 빈도가 앞으로도 유효하다고 가정합니다. 이것이 바로 '큰 수의 법칙' 개념입니다. 이때, 보험료는 어떻게 계산하면 될까요.

보험금으로 지급하는 금액=500만 엔×1,000건

이 금액을 계약한 사람 모두가 나누어 부담하므로

500만×1,000건÷1만 건=500만×0.1(사망 빈도)=50만 엔

이 50만 엔이 보험을 계약한 사람이 1년 동안 내야 하는 금액입니다.

간단해 보이지만, 보험 계산의 기본 개념이 모두 들어가 있습니다. 나이가 많은 사람을 대상으로 하는 보험을 만들 때는 사망률이 높아지기 때문에 보험료도 올라갑니다. 사망 빈도수가 커지기 때문에 앞의 계산에서 사망률 '0.1' 부분이 더 커지겠지요.

17세기부터 이어져온 보험

보험은 오랜 역사를 지니고 있습니다. 17세기에 문을 연 영국의 로이드 보험취급소는 현재까지 런던로이즈(Lloyd's of London)라는 이름으로 세계 최대 보험자협회로 운영되고 있습니다. 런던로이즈는 일반적인 보험회사의 형태로 운영되지 않고 개인이 보험을 접수합니다. 그것도 무한 책임으로 보험 계약을 맺습니다. 개인 외에도 금융업자나 무역업자가 보험을 접수하기도 합니다.

런던에서 커피 하우스를 운영하던 에드워드 로이드(Edward Lloyd)는 이곳을 찾는 주요 고객인 무역선박의 선주들을 위해 선박 항해 동향에 관한 정보지를 발행했습니다. 셰익스피어의 『베니스의 상인』에서 선박 항해의 위험을 소재로 다루고 있듯이, 과거에도 지금도 해상 무역과 관련된 보험 또한 리스크가 높아 정보 교환이 중요했습니다. 이렇게 그의 커피 하우스에서 관련 정보를 교환하던 선주들과 보험업자들은 보험을 취급하면서 협회까지 만들게 됩니다. 이를 시작으로 지금까지 보험의 오랜 역사에 로이드의 이름이 남게 된 것입니다.

보험의 근본적인 발상은 '한 사람은 만인을 위해, 만인은 한 사람을 위해'입니다. 하지만 자본주의 사회에서는 보험을 기업이 운영하기 때문에 자선사업으로만 존재할 수는 없습니다. 최근에는 나이가 많아도 들 수 있는 보험이 늘고 있습니다. 다만 약관에 작은 글자로 쓰여있는 부분을 반드시 읽어야 합니다. 나이가 많은 사람을 위한 보험은 아무래도 사망률이나 발병률이 높으므로 제약도 많아집니다. '○년 이내에 사망하면 납부한 보험료만큼만 받을 수 있다'와 같이 중요한 조항이 쓰여있기 때문에 작은 글자라도 하나하나 신중하게 읽어야 합니다.

평균으로 찾아내는 적정 가격

산술평균

일반적인 평균을 말한다.
n개의 수가 있을 때, 모든 수의 합을 n으로 나눈 수.

$$\text{산술평균} = \frac{\text{데이터의 합}}{\text{데이터의 개수}}$$

기하평균

n개의 양수가 있을 때, 이 수들의 곱의 n 제곱근.

$$\text{기하평균} = \sqrt[n]{n\text{개의 데이터의 곱}}$$

조화평균

몇 개의 0이 아닌 수가 있을 때, 주어진 각 수의 역수를
산술평균한 것의 역수.

$$\text{조화평균} = \frac{\text{데이터의 개수}}{\text{데이터의 역수의 합}}$$

▶ 인생도 가지가지 평균도 가지가지

초등학교에서 배우는 평균은 데이터를 합해 총 개수로 나눈 **'산술평균'**이지요. 이것을 **'평균값'**이라고 부릅니다.

산술평균 외에도 다양한 평균값이 곳곳에서 쓰이고 있습니다. 그중 하나가 '**기하평균**'입니다. 예를 들어볼까요. 손님이 세제를 살 때, 300엔이면 싸고 600엔이면 비싸다고 느낀다는 조사 결과가 있다고 가정해봅시다. 300엔인 세제와 600엔인 세제를 나란히 놓고 적당히 중간 정도라고 느껴지는 가격을 매기려고 하면 세제 가격을 얼마로 정하면 좋을까요?

이럴 때 놀라운 힘을 발휘하는 것이 바로 기하평균입니다. 300엔과 600엔의 기하평균을 계산하면 424엔이 됩니다. 그 정도의 가격으로 책정하면 중간 정도의 적당한 가격으로 느끼게 됩니다. 사람이 느끼는 적당한 가격이라는 감각은 경험적으로 알게 되는 것이라 어떤 증명이 있을 수는 없습니다. 그러나 가격을 책정하는 방법으로 쓸모가 있다는 것은 확실합니다.

기하평균의 예

가격이 300엔인 세제와 600엔인 세제가 있습니다.
두 가격의 기하평균을 구해보겠습니다.

기하평균
$= \sqrt{300 \times 600} \fallingdotseq 424.2 \fallingdotseq 424$(엔)

전문가의 판단력에 도전하는 조화평균

그러면 점심 메뉴 가격에 대해서는 어떨까요? 음식에 대해서는 기하평균을 사용할 수 없다고 합니다. 이 경우는 '**조화평균**'이 도움이 됩니다. 이 역시 증명된 것이 아니라 경험적으로 알게 되었습니다.

한 햄버그스테이크 가게가 세 종류의 런치 세트 가격을 정하려고 합니다. 가장 싼 메뉴는 500엔인 서비스 세트입니다. 그다음으로 레귤러 세트를 750엔으로 판매하려고 합니다. 이것이 이익의 폭이 가장 크게 잡히는 메뉴입니다. 그리고 고급 세트를 가장 높은 가격으로 책정하여 750엔인 레귤러 세트의 가격이 적당하게 느껴지도록 하려고 합니다. 500엔은 누구나 싸다고 생각할 것이므로 고급 세트의 가격 책정이 열쇠를 쥐고 있습니다.

조화평균

$750=2(\text{데이터의 개수})\div\left(\frac{1}{500}+\frac{1}{x}\right)$

$750=2\div\frac{x+500}{500x}$

$750=2\times\frac{500x}{x+500}$

$750(x+500)=1000x$

$750\times500=250x$

$x=1500$

조화평균을 사용하여 고급 세트의 가격 x를 계산하면 위와 같습니다. 고급 세트의 가격을 1,500엔으로 하면 레귤러 세트의 750엔이 적정한 가격으로 보이게 되어 팔기 쉬워지게 된답니다.

이러한 평균의 공식들을 사용하면 전문가가 오랜 경험과 지역 특성을 고려해 내리는 감각적인 판단을 젊은 비즈니스맨도 80% 정도는 따라할 수 있을지도 모르겠네요. 하지만 전문가와 같은 경험치 능력은 수식만으로는 얻을 수 없겠지요. 이것을 잊지 마세요.

기댓값의 공식과 도박에 임하는 마음가짐

기댓값의 공식

어떤 시행으로 얻을 수 있는 수치의 평균값.

시행으로 얻을 수 있는 수치 X가 $x_1, x_2, x_3, \cdots\cdots, x_n$이고,

각각 값을 얻을 확률이 $p_1, p_2, p_3, \cdots\cdots, p_n$이라고 하면

X의 기댓값은

기댓값 $= x_1 \cdot p_1 + x_2 \cdot p_2 + x_3 \cdot p_3 + \cdots\cdots + x_n \cdot p_n$이 된다.

주사위의 기댓값

$$E = 1 \times \frac{1}{6} + 2 \times \frac{1}{6} + 3 \times \frac{1}{6} + 4 \times \frac{1}{6} + 5 \times \frac{1}{6} + 6 \times \frac{1}{6} = \frac{21}{6} = 3.5$$

카지노에서 돈을 딸 확률

주사위를 굴렸을 때 1~6의 눈이 나올 확률은 각각 1/6입니다. 이렇게 확률이 따라오는 숫자를 **'확률 변수'**라고 합니다.

또, 확률 변수에 그것이 일어날 확률을 곱하여 모두 더한 값을 **'기댓값(평균값)'**이라고 합니다. 일반적으로는 위의 공식과 같이 계산합니다. 기댓

값의 확률 변수가 금액을 나타낼 때는 기대금액이라고 말하기도 합니다.

그러면 카지노에 있는 룰렛을 생각해볼까요. 룰렛은 돈을 거는 방법에 따라 맞출 때 돌아오는 금액이 달라집니다. 여기서는 가장 간단한 규칙으로 빨강과 검정에 거는 게임으로 생각해보겠습니다.

● **몬테카를로 룰렛에서 빨강에 100엔을 걸었을 경우**

빨강	18／37	걸었던 돈 100엔이 두 배가 되어 돌아온다.
검정	18／37	걸었던 돈 100엔 몰수
0	1／37	걸었던 돈 50엔 몰수

카지노로 유명한 모나코의 몬테카를로 룰렛은 총 37개의 포켓에서 1에서 36까지는 빨강과 검정으로 나누어놓고 0은 특별 취급합니다. 빨강이 있는 곳에 구슬이 떨어질지 검정이 있는 곳에 구슬이 떨어질지를 생각하여 선택한다면 각각의 확률은 거의 1/2입니다.

예를 들어, 빨강에 100엔을 걸어서 맞추면 200엔을 받습니다. 검정이 나오면 100엔은 카지노 측에서 가지고 가지요. 0이 나오면 걸었던 금액의 반을 딜러가 가져갑니다. 이 경우는 50엔을 딜러가 가져가겠지요.

이 방식의 룰렛으로 빨강 혹은 검정에 100엔을 걸었을 때의 기대금액을 계산해봅시다. 200엔이 되는 경우는 자신이 걸었던 색에 구슬이 들어갈 때입니다. 37개의 포켓 중 빨강과 검정은 각각 18개씩 있습니다. 빨강을 선택하든, 검정을 선택하든 걸었던 돈 100엔이 두 배가 될 확률은

18/37입니다. 빗나가서 0엔이 될 확률도 18/37이 되지요. 50엔이 될 확률은 1/37입니다.

위 상황에서 이 게임의 기댓값, 또는 기대금액을 구할 수 있습니다.

$$200\times\frac{18}{37}+0\times\frac{18}{37}+50\times\frac{1}{37}=98.65$$

다시 말해 오랫동안 게임을 계속하면 100엔이 약 98~99엔이 됩니다. 그렇다면 게임을 하지 않겠다고 생각하는 것이 옳은 판단이겠지요. 하지만 잃은 금액을 게임을 즐기는 비용이라고 생각하는 사람도 있습니다. 그 생각도 틀리지 않습니다.

도박은 인생의 소금과도 같아서 그것만 먹어서는 맛있지 않습니다. 하지만 소금이 요리의 맛을 끌어올려 주는 역할을 한다고 부처님도 말씀하셨다지요. 적당하면 괜찮다는 말이겠지요.

그러면 카지노의 주인에게는 얼마 정도 돈이 떨어질까요.

$100-98.65=1.35$

다시 말해 100엔이 있다면 그중 1.35%를 이익으로 가져갑니다. 비율이 낮다고 생각할 수도 있겠지만, 실제로는 게임 횟수가 아주 많을뿐더러 여러 룰렛 중에는 카지노 측이 가져가는 비중이 더욱 높은 도박도 있습니다. 모든 게임이 이 정도로 수익률이 낮은 것은 아닙니다. 게다가 세상에는 단위가 다른 큰돈으로 즐기는 부자들도 있으니 이익이 1.35%라도 카지노 업장은 확실히 많은 돈을 벌 수 있답니다.

여사건으로 알아보는 복권 당첨 확률

여사건

주어진 한 사건에 대해 그 사건이 일어나지 않는 사건,

즉 나머지를 말한다.

주사위에서 하나의 눈이 나올 때, 확률은 $P(A)=\frac{1}{6}$ 이므로,

여사건의 확률은 $P(\bar{A}) = 1-P(A) = 1-\frac{1}{6} = \frac{5}{6}$ 이다.

예를 들면, 주사위를 던졌을 때 주사위의 눈이

2가 나오지 않을 확률은 $\frac{5}{6}$가 된다.

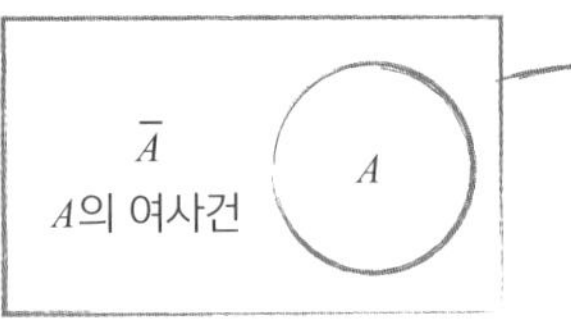

복권은 얼마나 안 맞을까?

최근 일본의 복권 당첨 금액이 꽤 높아졌습니다. 예전엔 1등이 3억 엔이었는데, 지금은 7억 엔 정도나 되지요. 전체 당첨 금액도 꽤 늘어서 당첨되기만 하면 실로 엄청난 일이 아닐 수 없습니다. 그렇다면 복권의 당

첨 확률에 관해 여사건의 확률을 사용하여 생각해볼까요.

2003년 연말에 추첨했던 점보 복권이 계산하기 쉬우므로 그해의 당첨 확률을 예로 들어보겠습니다. 100조 1,000만 장이 발매 단위로, 1등 당첨금 2억 엔과 보너스로 1등 앞뒤 번호 당첨금 5,000만 엔을 합하면 총 당첨금 3억 엔이 됩니다. 1등과 그 앞뒤 번호 당첨의 수는 1,000만 장 중에서 3장이므로,

$$\frac{3}{10000000}=0.0000003$$

정말 낮은 확률이지요. '이 정도 확률이면 거의 일어나지 않는 일이라고 해'라고 물리를 전공한 친구가 말하더군요.

그렇다면 복권은 몇 번을 연속으로 사면 당첨 가능성이 높아지는 걸까요? 확률이 얼마 정도가 되는지 생각해보겠습니다. 이 확률은 몇 번을 사더라도 당첨되지 않을 확률을 1에서 빼면 구할 수 있습니다. 이것이 **'여사건'**의 개념입니다. 한 번 사서 당첨되지 않을 확률은,

$1-0.0000003=0.9999997$입니다.

이를 토대로 몇 번 사더라도 당첨되지 않을 확률을 계산합니다. 예를 들어 3,000번 구매해도 당첨되지 않을 확률은 어떻게 될까요? 한 번 구매해서 당첨되지 않는 사건이 3,000번이니까 0.9999997을 3,000제곱합니다.

$0.9999997^{3000}=0.9991$

이것이 3,000번 샀을 때 당첨되지 않을 확률입니다. 바꾸어 말하면 3,000장 샀을 때 당첨되지 않을 확률이라고 할 수도 있겠지요.

그러면 3,000번 구매해서 당첨될(3,000장 구매해서 당첨될) 확률은 어떻

게 될까요? 1에서 0.9991을 빼면,

1−0.9991=0.0009

약 0.001, 다시 말해 0.1%입니다. 3,000장을 구매하는 데는 90만 엔 정도가 필요합니다. 90만 엔을 들여서 당첨 확률을 0.1%로 높이는 것이 좋을지는 사람에 따라 다르겠지요.

똑같이 생각하여 3만 장을 사면 당첨될 확률은 약 1%가 됩니다. 다만 900만 엔이 들겠지만요. 50명이 나누어 산다고 해도 1명당 18만 엔입니다. 만에 하나 당첨되면 2억 엔이니까 1%의 확률로 400만 엔을 받을 가능성에 건다? 썩 현명하게 생각되지는 않네요.

복권의 진짜 기댓값

등급	당첨금	매수
1등	5억 엔	60장
1등과 앞뒤 번호 다른 당첨	1억 엔	120장
1등과 조가 다른 당첨	10만 엔	5,940장
2등	100만 엔	1,800장
3등	3,000엔	6,000,000장
4등	300엔	60,000,000장
연말 특별상	5만 엔	180,000장

그러면 복권을 오랫동안 계속해서 사들이면 기댓값에 가까워진다, 즉 환원율에 가까워진다고 생각해봅시다. 복권의 환원율은 대체로 45% 정도로 설정해둡니다. 2013년 연말의 점보 복권에서도, 미니 복권에서도 49.6%로 설정되었습니다. 이 설정으로 복권 구매를 계속한다면 1,000엔이 496엔이 되겠지요. 즉, 오랫동안 계속해서 구매한다는 것은 밑천이

절반 정도로 줄어든다는 이야기입니다. 물론 어쩌다 당첨될 수도 있겠지만, 어느 쪽에 기대할지는 본인이 생각하기에 달렸습니다.

참고로, 2013년의 연말 점보 복권 자료를 옆 페이지에 첨부했습니다. 관심이 있는 분은 계산해보기 바랍니다.

PART 4

자연과학과 테크놀로지의 수학

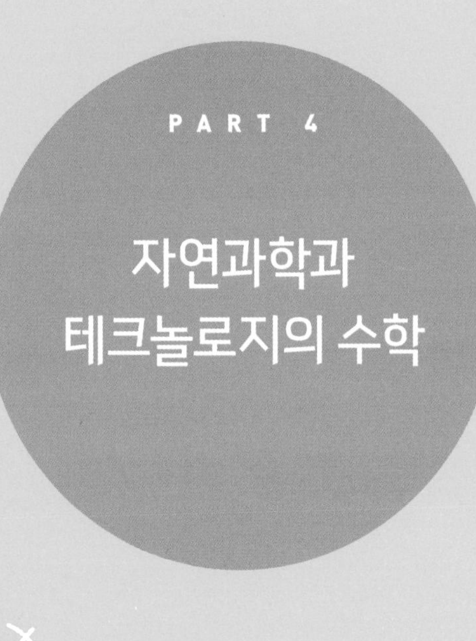

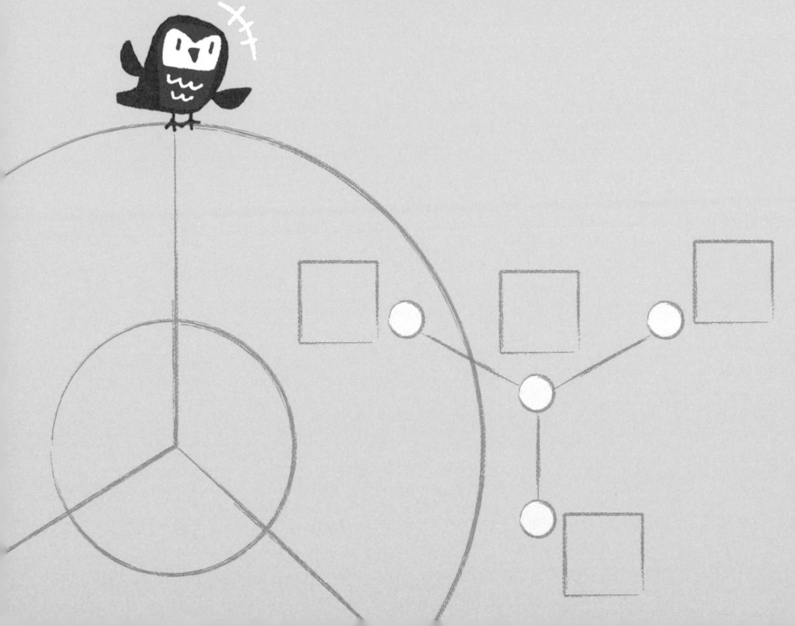

타원 방정식과 케플러의 세 가지 법칙

타원

'두 정점에서의 거리의 합이 일정'하다는 조건을 만족하는 점의 궤적

타원의 방정식

$$\frac{x^2}{a^2}+\frac{y^2}{b^2}=1\ (a>b>0)$$

y

b

P $\frac{x^2}{a^2}+\frac{y^2}{b^2}=1$

$a>b>0$

$-a$ F_1 0 F_2 a x

장축

단축

$-b$

$F_1P+F_2P=2a=$일정

초점 F_1의 좌표 $(-f, 0)=(-\sqrt{a^2-b^2}, 0)$

초점 F_2의 좌표 $(f, 0)=(\sqrt{a^2-b^2}, 0)$

코페르니쿠스의 고뇌

코페르니쿠스(Nicolaus Copernicus)가 태양을 중심에 두고, 그 주위를 지구가 회전하는 형태로 태양계의 모델을 구축한 사실은 잘 알려져 있지

요. 이 이야기를 들으면 대부분의 사람은 그 시절까지 믿었던 천동설보다 코페르니쿠스의 지동설 쪽이 더 정확하다고 생각합니다.

그러나 그렇게 단순한 이야기가 아닙니다. 천동설은 1,000년이 넘는 세월 동안 수정에 수정을 거듭하여 천체의 운행을 정확히 표현할 수 있도록 연구되어 왔습니다.

원래 천동설과 지동설의 차이는 천제의 움직임을 표현할 때 중심이 '태양'인가 아니면 '지구'인가에 있습니다. 실제로는 태양이 중심이지만, 표현은 양쪽 다 가능합니다. 정리하면, 천체의 운행을 기능적으로 표현할 수 있는 이론은 어느 쪽인가 하는 문제이지요.

코페르니쿠스가 지동설을 주장한 시기는 로마·가톨릭교회가 그레고리력으로 개력하려던 때와 정확히 맞물렸습니다. 1,000년 이상 사용되어 온 율리우스력으로는 춘분이 실제보다 10일 정도 어긋났습니다. 때문에 당시 교회는 표면적으로는 지동설을 금지하고 있었지만, 정확한 달력을 만들기 위해서 지동설과 천동설을 비밀리에 검증하였는데 그 결과, 지동설이 천동설보다 부정확하다는 것을 밝혀냈습니다.

천동설은 틀렸기 때문에 지동설보다 정확할 리가 없다! 그렇게 생각한다면 '과학은 만능이다'라는 잘못된 편견을 갖고 있는 것 같네요. 무려 1,000년 이상이나 개량을 거듭해온 천동설은 마치 태양이 지구 주위를 도는 것처럼 천체를 기술할 수 있었던 것입니다.

그렇다면 코페르니쿠스는 무엇을 놓쳤던 걸까요? 폴란드의 천재 수도사인 코페르니쿠스는 로마 가톨릭의 가르침 아래에서 자랐기 때문에 하나님이 만드신 세계가 완벽한 원형이라고 믿었습니다. 그래서 지구는 태양의 주위를 정확하게 둥근 원형 궤도로 돈다고 생각했던 것이지요.

이것이 천체의 운행을 정확하게 표현할 수 없었던 커다란 이유입니다. 실제로 행성은 태양의 주위를 '타원 궤도'로 돕니다. 이것을 정원 궤도로 생각해서는 뿌리 깊은 천동설의 천체 모델에 대적할 수가 없었지요.

케플러의 결론

케플러의 세 가지 법칙

제1법칙(타원 궤도의 법칙)
행성은 태양을 하나의 초점으로 하는 타원 궤도 위를 움직인다.

제2법칙(면적속도 일정의 법칙)
행성과 태양을 잇는 선분이 단위 시간에 그리는 면적은 일정하다(면적속도 일정).

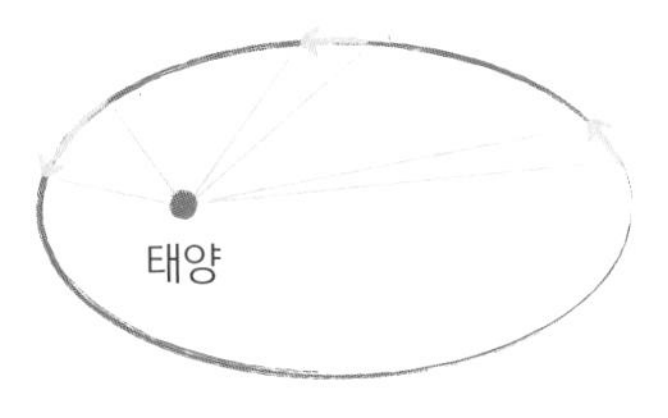

제3법칙(조화의 법칙)
행성의 공전 주기의 제곱은 궤도의 긴반지름의 세제곱에 비례한다.

코페르니쿠스의 이론을 연구하며 '행성의 궤도를 타원으로 보아야 한다'라고 생각한 사람은 케플러(Johannes Kepler)였습니다. 그는 화성 궤도에 대한 면밀한 관측 결과를 토대로 행성이 태양 주위를 타원 궤도로 회전한다는 결론을 얻었지요.

타원은 원을 한쪽 지름 방향으로 늘리거나 줄이면 됩니다. 하지만 이 방법으로는 타원의 중요한 성질을 나타낼 수 없습니다.

타원의 정의는 두 정점에서의 거리의 합이 일정한 점의 자취입니다. 이 조건으로 계산한 결과가 앞에 제시한 타원의 방정식입니다. 이 두 정점을 타원의 '초점'이라고 하며, 125쪽의 그림에 표시된 좌표가 됩니다.

케플러는 화성 관측 결과를 통해 지구의 궤도가 만드는 타원의 한쪽 초점에 태양이 있나는 사실을 밝혔습니다. 그리고 행성 궤도에 대한 케플러의 세 가지 법칙을 발견하였지요. 케플러 역시 독실한 개신교도였기 때문에 아마도 정확한 원형 궤도이기를 바랐을지도 모르겠습니다.

하지만 현실은 그렇지 않았지요. 때문에 케플러는 억지로 타원 궤도를 구 안으로 넣어보기도 하는 등 여러 가지로 궁리했지만, 노력에도 불구하고 정원 궤도로는 원하는 결과를 얻지 못했습니다. 그렇다고는 해도 과학의 역사 속에서 케플러의 세 가지 법칙은 지금까지도 빛을 발하고 있습니다.

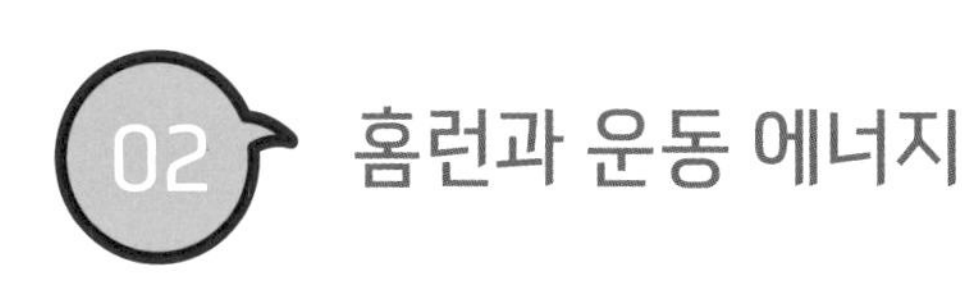

02 홈런과 운동 에너지

운동 에너지의 법칙

운동 에너지를 K, 물체의 질량을 m,

속도를 v라고 할 때,

$$K=\frac{1}{2}mv^2$$

홈런의 비거리를 수식으로 나타낸다고?

야구를 좋아하는 팬들은 투수의 투구 속도나 홈런의 비거리에 큰 관심을 보입니다. 이것들을 수식으로 표현하면 어떻게 될까요?

'홈런의 비거리가 크다'라는 말은 공이 가진 '에너지'가 크다는 말입니다. 또는 공이 많은 일을 했다고 할 수도 있습니다. 이 '에너지(정확하게는 운동 에너지)'와 '일'이라는 양은 물리적으로는 같습니다. '일'의 값을 구하면 물체의 운동 에너지도 구할 수 있습니다.

일은 '작용하는 힘에 그 작용 방향으로 물체가 이동한 거리를 곱한 값'으로 표시됩니다. 즉, **'힘×거리=일'**입니다. 그리고 이것이 물체가 가지는 운동 에너지가 됩니다.

그러면 '일(운동 에너지)'을 식으로 나타내봅시다. 물체의 질량을 m, 이동한 거리를 l, 걸린 시간을 h, 물체의 속도를 v, 속도의 변화를 나타내는 가속도를 a라고 할 때, 힘 F는 F=ma로 표시합니다.

또, 가속도는 속도의 변화를 나타내므로 v=at가 됩니다. t는 가속도 a로 움직인 시간입니다. 그리고 이동 거리 l은 $l=\frac{1}{2}at^2$으로 나타냅니다.

일은 힘×거리이므로 일을 w로 두면,

$$w=Fl=ma\cdot\frac{1}{2}at^2$$

이 식에 v=at를 대입하면 운동 에너지의 식을 구할 수 있습니다.

$$w=\frac{1}{2}ma\cdot at^2=\frac{1}{2}m(at)^2=\frac{1}{2}mv^2$$

운동 에너지 공식으로 비거리를 늘려라!

친 공이 멀리까지 날아가게 하려면 어떻게 해야 할지 위의 식을 통해 알아볼까요? 운동 에너지는 질량 m에 비례하기 때문에 질량이 3배가 되면 운동 에너지도 3배가 됩니다. 속도 v는 제곱으로 들어가 있으므로 속도가 3배가 되면 운동 에너지는 3의 제곱, 즉 9배가 됩니다. 다시 말해 효율 높게 비거리를 늘리기 위해서는 질량보다도 속도를 늘리는 편이 좋겠지요. 실제로 공의 무게는 규정에 따라 일정한 범위로 정해져 있기 때문에 속도를 높이는 것 말고는 방법이 없답니다.

공에 운동 에너지를 주기 위해서는 배트로 공을 쳐 운동 에너지를 옮겨야 합니다. 그러나 투수가 던진 공도 운동 에너지를 가지고 있기 때문에 배트는 되밀리게 됩니다. 게다가 공이 빠르면 받아치기는커녕 맞히기도 어렵게 됩니다. 만약 배트가 밀리지 않게 공을 칠 수 있다면 공은 맞았을 때 운동 에너지를 배트의 반발 계수만큼만 제하고 그대로 전달받습니다. 그래서 빠른 공을 정확하게 쳐서 날리면 멀리 날아가는 것입니다.

물론 치려고 하는 타자와 맞히지 못하게 하려는 투수와의 기 싸움도 있기 때문에 수식만으로 판단할 수는 없겠지요. 여기서는 단순하게 타자 쪽에서 공이 맞는 순간, 배트의 스위트 스폿(sweet spot, 배트에서 운동 에너지가 공에 가장 효과적으로 전달되는 부분–옮긴이)만을 생각합니다.

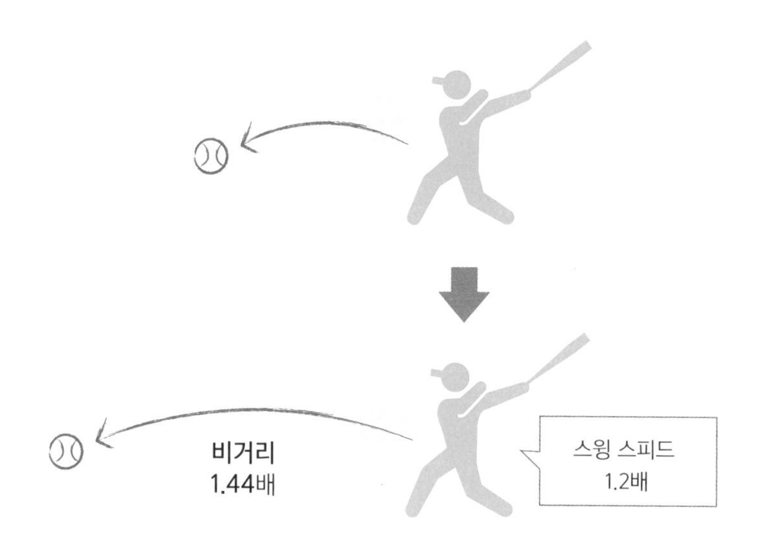

배트의 헤드 스피드는 제곱으로 운동 에너지에 영향을 줍니다. 질량이 1.5배가 되면 운동 에너지도 1.5배가 됩니다. 하지만 무게가 1.5배인 배트로 원래 무게의 배트와 같은 스윙 스피드를 내기는 쉽지 않습니다. 그보다는 평소에 쓰는 배트로 정확하고 빠르게 휘두르는 연습을 하면 같은 궤적으로 1.2배의 속도를 낼 수 있을 것입니다. 속도를 1.2배로 올리면 운동 에너지는 1.44배가 됩니다. 힘없는 사람이 무거운 배트를 겨우겨우 휘두르는 것보다는 다소 가벼운 배트라도 날카롭게 휘두르는 쪽이 비거리에 더 기여하겠지요.

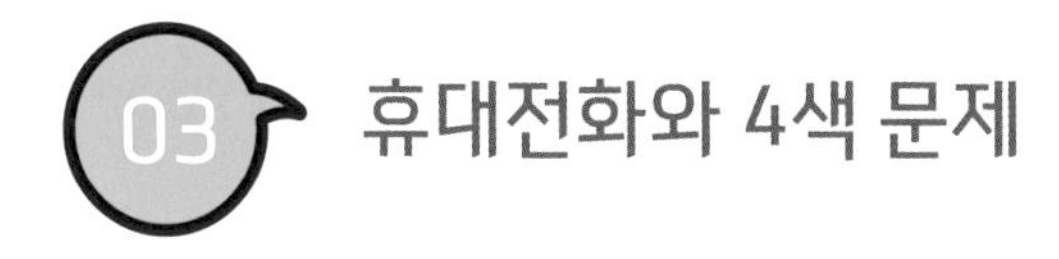

03 휴대전화와 4색 문제

4색 문제

어떤 지도라도 네 가지 색만 있으면
인접하는 나라가 다른 색이 되도록
구별하여 칠할 수 있을지를 증명하는 문제

컴퓨터를 사용한 증명

4색 문제는 지도 제작 현장에서 태어났다고 할 수 있습니다. 기본적으로 지도는 국경선에 접하는 나라를 다른 색으로 칠해 구별하므로 지도 제작 현장에서는 수백 년 전부터 경험적으로 답이 알려져 있었던 것 같습니다.

이를 실제 수학의 문제로 제기한 사람은 프란시스 구스리(Francis Guthrie)와 프레드릭 구스리(Frederick Guthrie) 형제라고 합니다. 그 후 오랜 시간 동안 많은 수학자가 4색 문제를 증명하려고 노력했지만 실패로 끝나고 말았습니다.

이러한 4색 문제가 해결된 것은 1976년 일리노이 대학교의 케네스 아펠(Kenneth Appel)과 볼프강 하켄(Wolfgan Haken), 존 코흐(John Koch)의 컴퓨터를 사용한 증명입니다. 1,200시간이나 컴퓨터를 가동해 계산한 결과였습니다. 일반적인 증명처럼 인간의 손으로 해결한 것이 아닙니다. 최초의 증명은 놀랄 정도로 복잡했지만, 현재에는 꽤 알기 쉽게 정리되어 지금은 4색 문제가 해결되었다고 생각하는 사람이 많은 듯합니다.

● **세 가지 색으로 구별해서 칠할 수 있을까?**

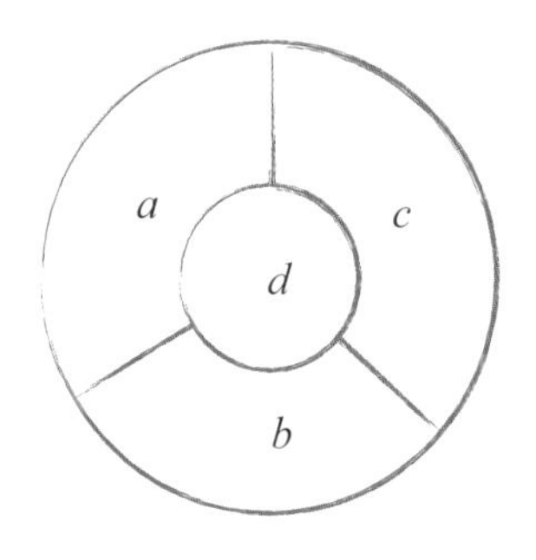

참고로 '세 가지 색으로만 구별하여 칠할 수도 있을까?'라는 문제도 있는데, 이것은 성립하지 않습니다. 위 그림을 예로 들면, 가운데의 d가 a, b, c 세 영역과 인접하므로 네 번째 색이 필요하게 됩니다.

그렇다면 다섯 가지 색은 어떨까요? 다섯 가지 색이라면 구별하여 칠할 수 있겠지요. 이것은 1890년에 퍼시 히우드(Percy Heawood)가 증명을 끝냈습니다.

열쇠는 그래프 이론

오랫동안 증명되지 않았던 4색 문제를 연구할 때 '그래프'라는 것을 만듭니다. 앞의 그림에서 색을 칠하는 부분을 점으로, 인접하는 국경에 해당하는 부분을 직선으로 표시하면 아래의 그림과 같이 됩니다. 이런 방식으로 지도를 점과 선의 조합으로 표현합니다. 좌표에 그리는 함수의 그래프와는 상당히 다르지만, 이것도 그래프라고 부른답니다.

● 점과 선으로 나타내는 '그래프'

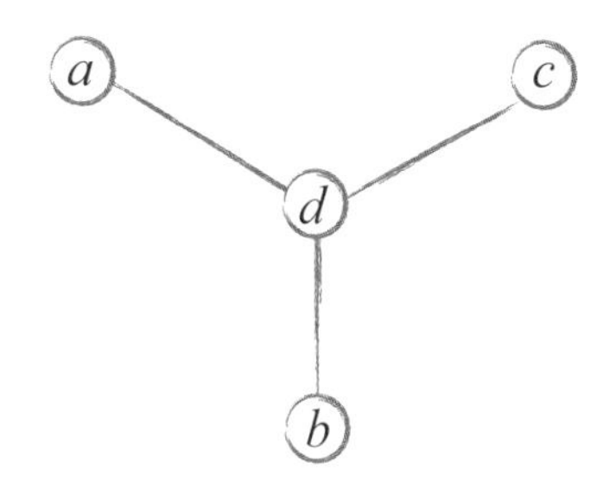

이러한 그래프가 몇 개 있는지, 어느 그래프와 어느 그래프가 같은 본질을 가졌는지 등, 그래프의 다양한 성질에 대해 연구하는 수학 분야를 '그래프 이론'이라고 합니다. 그래프 이론은 빌딩에서 각 방으로 연결하는 배선을 계획하는 경우에 사용됩니다. 방이 많은 고층 건물은 기능적으로 배선을 하지 않으면 전선만 해도 엄청나게 복잡해져 버리기 때문입니다.

지도는 선으로 연결된 점과 점에 서로 다른 색을 칠하는 그래프로 표시되고, 이를 위해 필요한 색이 4색이면 충분한가 하는 문제로 바뀝니다. 아펠, 하켄, 코흐가 컴퓨터로 증명한 것은 이 그래프 이론이었습니다.

지도 작성 외에도 다양하게 활용하는 그래프 이론

그래프 이론은 지도의 색을 구분해 칠하는 데서 시작했지만, 현대 사회에서 의외의 분야에도 사용되고 있습니다. 바로 휴대전화 시스템이지요. 원래 휴대전화는 기지국이 보내는 전파를 사용해서 각각의 전화에 채널을 배분합니다. 기지국이 바뀌면 새로운 기지국의 전파 주파수대 중 비어있는 채널을 받아 새롭게 통화를 시작합니다. 이 말은 곧 인접 기지국과 같은 주파수대를 사용하면 통화 혼선이 일어날 가능성이 있다는 말입니다.

옛날에 사용되었던 FDMA·TDMA 방식의 휴대전화 시스템에서는 혼선이 생기지 않도록 인접하는 기지국에는 같은 주파수대를 할당하지 않게 되어있었습니다. 이때 아무리 기지국의 수가 많아져도 이웃 기지국의 주파수대의 종류는 네 가지만 있으면 된다는 사실을 4색 문제에서 알 수 있습니다. 이런 곳에 수학을 응용하고 있었네요.

04 대포의 사정거리를 중력가속도로 구하다

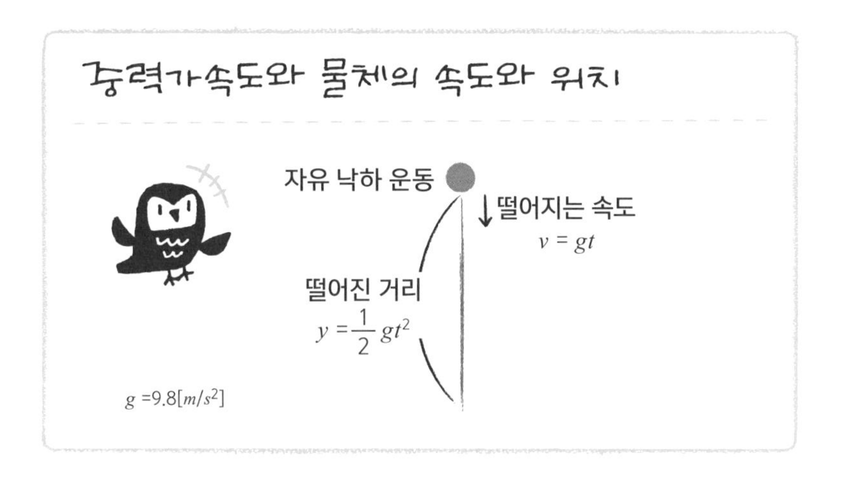

포물선을 그리는 포탄의 사정거리

위의 공식은 갈릴레이가 실험으로 조사한 '자유 낙하의 법칙'입니다. 지구상에서는 무거운 물건이든 가벼운 물건이든 떨어질 때의 중력가속도 g는 같으며, 같은 가속도로 t시간 이동하면 그 속도는 gt가 됩니다. 그리고 움직인 거리는 $\frac{1}{2}gt^2$이 됩니다.

이 공식을 사용해서 대포의 사정거리를 구해봅시다. 중요한 것은 처음 속도의 크기와 방향입니다. 자유 낙하 운동의 식은 물체에 아무런 힘을 가하지 않고 놓았을 때 속도와 위치가 어떻게 되는지 연구한 것입니다.

하지만 대포는 발사할 때 포탄에 발사 속도를 부여합니다. 발사된 뒤로는 중력 외에 다른 힘이 포탄에 더해지지 않습니다.

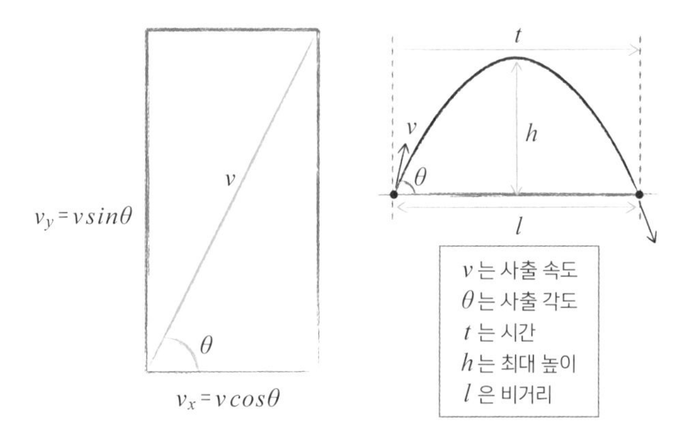

포탄을 쏘는 대포의 각도를 θ라고 합니다. 공기 저항은 없다고 가정합니다. 위의 그림의 $v_y=v\ \sin\theta$가 수직 방향의 발사 속도이고, $v_x=v\ \cos\theta$가 수평 방향의 발사 속도입니다. 포탄에는 아래 방향으로 중력가속도 g가 작용합니다. 상향 속도 $v_y=v\ \sin\theta$와 하향 속도가 같아지는 점이 포탄이 지면에서 가장 멀리 떨어져 있을 때가 되겠지요. 그 지점에서 떨어지기 시작해 지면에 충돌할 때까지의 시간과 수평 방향 속도 $v_x=v\ \cos\theta$를 곱하면 비거리가 나옵니다.

포탄의 고도가 가장 높아지는 시점은

$v\ \sin\theta-gt=0 \quad \therefore\ gt=v\ \sin\theta \quad \therefore\ t=\frac{v\ \sin\theta}{g}$입니다.

이 시간의 두 배가 포탄이 떨어질 때까지 시간이 됩니다.

즉, $2t=\frac{2v\ \sin\theta}{g}$ 입니다.

여기에 수평 방향 속도 $v_x=v\ \cos\theta$를 곱하면 포탄의 비거리가 나옵니다.

포탄의 비거리 $2tv_x=2tv\cos\theta=\frac{2v\sin\theta\cdot v\cos\theta}{g}$로 계산할 수 있습니다. 비거리를 삼각함수의 배각 공식 $2\sin\theta\cos\theta=\sin 2\theta$를 사용해 다시 쓰면 $\frac{v^2\sin 2\theta}{g}$가 됩니다.

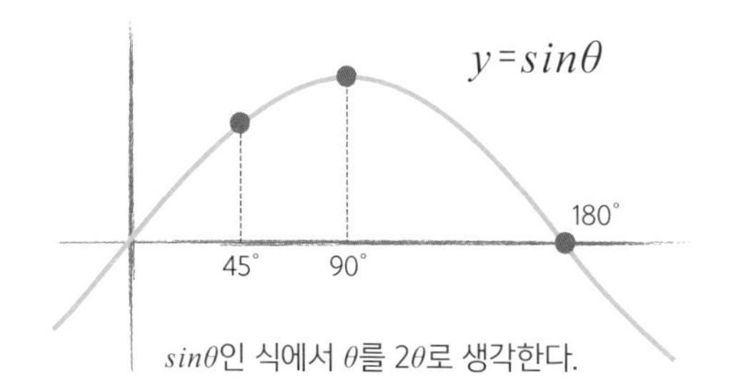

sinθ인 식에서 θ를 2θ로 생각한다.

이 식에서 포탄을 45도로 발사하면 가장 멀리 날아간다는 사실을 알 수 있습니다. 비거리의 식 $\frac{v^2\sin 2\theta}{g}$에서 변화하는 요소는 $\sin 2\theta$뿐입니다. $\sin 2\theta$는 2θ가 90도일 때 최댓값이 되므로 포탄은 θ가 45도일 때 가장 멀리까지 날아가게 됩니다.

다만, 실제로는 포탄의 크기나 무게에 영향을 받아 공기 저항이 발생하기도 하고, 바람이 불기도 합니다. 이론대로 사정거리를 계산하는 것과는 별개의 문제입니다. 거기다 사정거리 안에서 정확하게 목표를 맞춘다는 것도 쉬운 일이 아니지요. 야마토 전함의 46cm포의 사정거리가 42km라 하더라도 42km 앞에 위치한 전함을 명중시키는 일은 불가능에 가까운 일이랍니다.

토리첼리의 정리와 물시계

토리첼리의 정리

용기 안의 액체가 작은 구멍으로 유출될 때의 유출 속도는 다음의 식으로 나타낼 수 있다.

$$v = \sqrt{2g(L-h)}$$

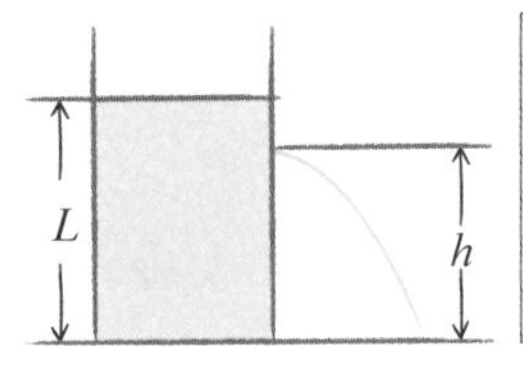

m은 물의 질량
g 는 중력가속도
v 는 유출 속도
L 은 수면의 높이
h는 유출되는 구멍의 높이

퍼텐셜 에너지가 운동 에너지로

'토리첼리의 정리'는 이탈리아의 물리학자 토리첼리(Evangelista Torricelli)가 1643년에 발견한 법칙이라고 합니다. 액체가 용기에서 흘러나올 때의 유출량에 관한 정리랍니다. 단, 이 정리에는 용기의 구멍에 대한 조건이 있습니다. 이 구멍의 크기는 용기와 비교하면 아주 작으며, 구멍까지 수위가 내려가지 않는 것이 조건입니다. **'토리첼리의 정리'의 기본 개념은 '물의 위치(퍼텐셜) 에너지가 유출되는 물의 운동 에너지로 바뀐다. 즉 두 에너**

지는 같다'라는 가정입니다. 유출 속도는 용기의 모양에는 영향을 받지 않지만, 구멍에서 물의 표면까지의 거리의 제곱근에 비례합니다. 따라서 수위가 내려가 구멍에 가까워지면 유출 속도가 느려집니다. 그다지 끈적이지 않는 액체라면 토리첼리의 정리가 적용된다고 봐도 되겠지요.

병원에서 수액을 맞을 때 끝날 때가 가까워지면 약이 떨어지는 속도가 느려지는 것을 본 적 있나요? 이것이 토리첼리의 정리 효과랍니다.

일정한 속도를 유지할 수 없는 물시계를 위한 아이디어

진자를 사용하는 시계 기술이 없던 시절, 토리첼리 정리의 영향을 받은 도구가 물시계입니다. 모래시계는 대량의 모래를 넣어두지 않는 이상 그리 오랜 시간을 잴 수 없습니다. 해시계는 비가 오거나 구름이 많은 날에는 태양 빛을 받을 수 없기 때문에 그림자를 이용할 수가 없지요. 그래서 옛날 사람들은 언제나 작동하는 시계로는 물시계가 가장 적당하다고 생각했습니다.

하지만 토리첼리의 정리에서 보았듯이 물시계의 물이 떨어지는 속도가 일정하지 않음을 알게 되었지요. 그래서 이리저리 해결 방법을 연구해야만 했습니다.

『일본서기』에는 일본에서 처음으로 만들어 작동시켰던 물시계(라기보다는 시계)에 대한 기록이 있습니다. 사이메이 덴노 6년(660년)에 나카노오에 황자가 처음으로 누각(물시계)을 만들었습니다. 또, 나카노오에 황자가 즉위한 후인 덴지 덴노 10년(671년) 4월 25일에 물시계를 만들고 새로운 천문대에서 만든 종과 북으로 시각을 알렸다는 기록이 이어집니다. 참고로 이 4월 25일은 현대의 달력으로 바꾸면 6월 10일이 됩니다. 바로 오늘날 일본의 '시(時)의 기념일'이랍니다.

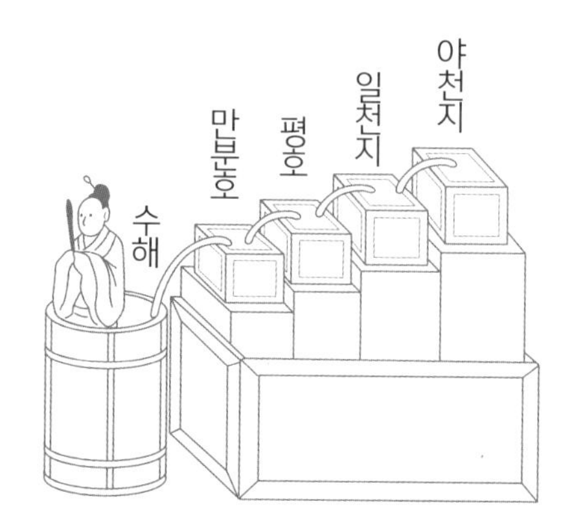

물시계는 수조 안에 항상 같은 양의 물이 들어있어야 한다는 점이 매우 중요합니다. 하나의 수조에서 물을 떨어뜨리면 토리첼리의 정리에서 알 수 있듯이 물의 흐름이 점점 느려지게 됩니다. 그래서 몇 개의 수조를 나란히 놓고 사이펀(siphon, 높은 곳에 있는 액체를 낮은 곳으로 옮기는 데 쓰는 U자형 관-옮긴이)을 사용하여 수조에서 다음 수조로 물이 흐르게 만들어 하나의 수조 안에 물의 양이 언제나 일정하도록 조절합니다. 이렇게 마지막 수조에 일정한 속도로 물이 모이도록 설계해 인형이나 지시봉이 가리키는 시각을 보는 구조로 되어있습니다. 그렇다고 해도 사람이 지켜보고 있어야만 하므로 누각의 각 수조에 담긴 물의 양을 관리하는 관료로서 누각 박사 두 명과 직원 스무 명을 율령으로 정해두었습니다. 물시계는 크기가 매우 커 옮기기가 쉽지 않은데, 덴노(천황)가 다른 곳으로 이동할 때도 사용할 수 있도록 이동용 물시계도 만들어졌다고 합니다. 현재 아스카 미즈오치 유적은 옛날 물시계의 이름이 지금까지 남은 것이라고 합니다('미즈오치'는 물이 떨어진다는 뜻의 일본어-옮긴이).

바코드를 만드는 2진법

2진법

2를 기수로 하여 모든 수를 0과 1로 표기하는 기수법.

2진법의 101001을 10진법으로 고치면 다음과 같다.

$$101001=1\times2^5+0\times2^4+1\times2^3+0\times2^2+0\times2^1+1\times2^0$$
$$=32+8+1=41$$

2진법과 10진법

0과 1만 구별할 수 있는 컴퓨터에서는 2진법이 사용됩니다. 스위치가 켜졌는지 꺼졌는지, 전류가 오른쪽으로 흐르는지 왼쪽으로 흐르는지 등 두 가지만 구별하는 방식에는 2진법이 편리합니다.

10진법은 각 자릿수가 10의 몇 거듭제곱이 되는지를 표시합니다. 예를 들어 천의 자리는 10^3이 몇 개인지, 만의 자리는 10^4이 몇 개인지를 나타내는 것이죠.

마찬가지로, 2진법은 백의 자리는 2^2이 몇 개인지, 천의 자리는 2^3이 몇 개인지 나타냅니다.

2진법은 각 자리에 0과 1만 넣을 수 있습니다. 2가 어떤 자리에 들어가면 2는 2^1이므로 자리가 하나 올라갑니다. 이것은 10진법에서 10이 되면 계속 윗자리로 올라가는 것과 같은 원리입니다. 만약 3이 들어가려면 3에는 2가 이미 들어가 있기 때문에 2진법으로는 11이 되어 자리가 한 자릿수 올라갑니다. 이런 방식으로 2진법의 각 자리에는 0과 1만 들어가게 됩니다.

바코드는 어떻게 기능할까?

2진 표기	0	1	10	11	100	101	110	111	1000	1001	1010
10진 표기	0	1	2	3	4	5	6	7	8	9	10

숫자를 2진법으로 표기하면 모두 0과 1의 조합으로 나타낼 수 있습니다. 이것을 이용한 것이 바코드입니다. 이것은 무엇을 어떤 방법으로 전달하는 기호일까요?

바코드는 검은 막대와 흰 막대의 조합으로 수를 표시합니다. 즉, 1과 0을 사용하여 표현할 수 있는 2진법만 쓸 수 있지요. 일본의 JAN이라는 바코드 규격은 원래 국제기준에 따라 만들어졌습니다. 열세 자리의 이진수로 상품의 종류나 가격을 표시합니다.

처음 두 자리는 플래그라고 부르는데 국가를 표시합니다. 예를 들어 일본의 번호는 49인데, 이 49를 2진법으로 표시하여 흰 막대와 검은 막대의 배열로 바꾼 것입니다. 다음 다섯 자리는 제조사 또는 발매원, 그 다음 다섯 자리는 상품이 무엇인지 표시합니다.

● 13자리 바코드

여기까지가 열두 자리인데, 마지막에 남은 숫자는 무엇을 나타내고 있을까요? 바코드의 흰 선과 검은 선을 인식하는 것은 광학 판독 장치입니다. 만약 잘못 읽어 들이면 다른 가격이나 물품으로 인식해버리지요.

그래서 바코드를 정확하게 읽어 들였는지 판단하기 위해 열세 번째 자리의 수치(체크 숫자)를 사용합니다. 바코드의 짝수 번째 숫자에 3을 곱하고 홀수 번째 숫자와 모두 더합니다. 이 결과에 열세 번째 숫자를 더했을 때 10의 배수가 되도록 열세 번째 숫자를 정합니다. 만약 바코드를 읽어 계산했을 때 10의 배수가 되지 않으면 잘못 읽어 들였다는 의미가 되지요.

논리의 참과 거짓도 계산할 수 있다

컴퓨터의 계산은 숫자만을 취급하는 것이 아닙니다. 참과 거짓을 판단하는 논리계산에도 사용합니다. 여기서도 2진법은 유용합니다.

참을 1에 대응시키고 거짓을 0에 대응시킵니다. A가 참일 때는 1이라는 값이 되고 거짓일 때는 0이라는 값이 되지요. B에 대해서도 마찬가지입니다.

여기서 수학에서 사용하는 '그리고'라는 말을 생각해볼까요. 'A 그리고 B'가 참일 때는 A와 B가 모두 참이어야 합니다. 앞에 나온 것처럼 진위의 값을 1과 0으로 표시하면 1×1로 1이 됩니다.

'A 그리고 B'가 참인지 거짓인지를 판단하려면 A와 B의 값을 곱해보면 됩니다. A와 B가 모두 1이면 곱했을 때 1이므로 'A 그리고 B'의 값이 1이 되어 참이 됩니다. A, B 어느 한쪽이 0이면 곱했을 때 0이 되기 때문에 'A 그리고 B'의 값은 0으로 거짓이 됩니다. 이렇게 2진법을 사용하면 논리의 참과 거짓도 계산으로 표현할 수 있습니다.

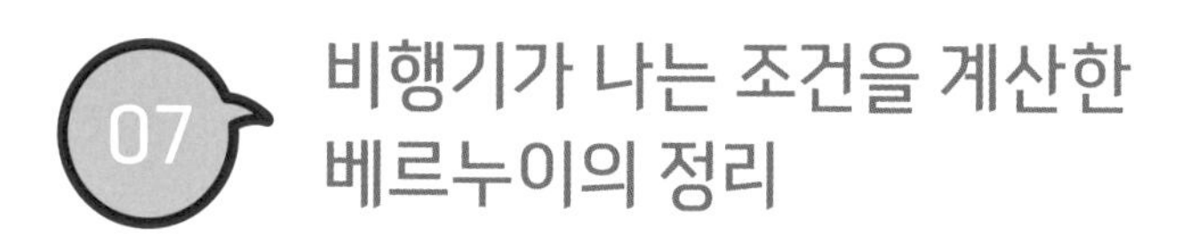

07 비행기가 나는 조건을 계산한 베르누이의 정리

베르누이의 정리

물이나 공기 같은 유체는 유속이 빨라지면 압력이 낮아진다.

양력

▶ 비행기를 위로 밀어 올리는 메커니즘

어린 시절에 전함이나 비행기의 프라모델을 만든 경험이 있나요? 제가 특히 좋아했던 전투기 프라모델은 쌍발기인 록히드 P–38 라이트닝이었는데, 특이한 날개 모양에 어떤 원리가 숨어있는지 무척 궁금했습니다. 이것이 과학에 흥미를 느끼게 된 첫걸음이었지요.

비행기의 날개는 위쪽은 둥그스름하고 아래쪽은 평면에 가까운 곡선으로 되어있습니다. 이 모양이 비행기가 공중에 뜨기 위한 양력을 만들어냅니다.

날개 윗면의 곡면을 따라 흐르는 공기는 날개 아랫면의 평면을 따라 흐르는 공기보다 속도가 빨라집니다. 이때 **'베르누이의 정리'**가 작용합니다. **날개 윗면의 공기 흐름이 빠르면 압력은 아랫면의 공기보다 작아집니다.** 그래서 아래쪽에서 위쪽으로 가하는 압력이 위에서 아래로 가하는 압력보다 커지고 양력, 즉 비행기를 위로 밀어 올리는 힘이 발생하는 것입니다.

양력을 계산해보자

비행기의 날개에는 어느 정도의 가중이 걸릴까요? 날개의 연구는 실험과 이론을 접목해야 하는 몹시 어려운 분야이므로 아주 정밀한 식이 많이 나옵니다. 여기서는 가장 단순한 식을 사용해 계산해보도록 하겠습니다.

비행기를 밀어 올리는 양력 L(㎏)의 식은 다음과 같습니다.

$$L = \frac{1}{2} PV^2SC$$

P는 공기의 밀도, S는 주 날개의 면적, V는 비행 속도, C는 양력 계수(날개의 모양에 따라 다름)입니다. 양력 L은 공기의 밀도 P와 주 날개의 면적 S에 정비례하고, 비행 속도 V의 제곱에 비례(제곱인 경우는 정비례라고 할 수 없음)합니다.

비행기가 날기 위해서는 양력이 적어도 비행기의 무게와 같지 않으면 안 됩니다. 제곱에 비례하는 요소가 있다는 것은 그 요소에 크게 영향을 받는다는 뜻이지요. 양력은 비행 속도가 2배가 되면 4배가 되고, 속도가 4배가 되면 16배가 됩니다.

또한 양력은 주 날개 면적과 정비례 관계에 있습니다. 주 날개 면적이 2배가 되면 양력도 2배, 주 날개 면적이 1/2이면 양력도 1/2이 됩니다.

또, 양력은 공기 밀도와도 정비례 관계입니다. 공기의 밀도는 지표 근처에서는 0.125이지만, 높은 고도에서는 공기가 희박해져 감소합니다. 그래서 공기의 밀도에 비례하여 양력도 낮아집니다.

그러면 총중량 40t, 주 날개 면적 150㎡, 비행 속도 500km/h로 수평비행하는 비행기의 수송력을 총중량 60t으로 늘리고 싶을 때 어떻게 하면 될지 생각해봅시다. 공기의 밀도 P는 0.125로 일정하다고 하겠습니다. 이 경우 필요한 양력은 원래의 총중량 40t의 1.5배가 됩니다. 주 날개 면적만을 조절하여 필요한 양력을 얻으려고 하면 150×1.5=225가 되어 주 날개를 255㎡로 키워야 합니다.

비행 속도로 생각해볼까요. 양력은 비행 속도의 제곱에 비례하므로 양력을 1.5배 높이려면 비행 속도는 $\sqrt{1.5}$배가 되어야 하므로 약 612km/h가 되어야겠지요. 비행기의 강도 등의 문제도 있어 간단하게는 설계할 수 없지만 참고는 될 수 있습니다.

비행기의 특징을 생각할 때 한 가지 더 중요한 수치로 W/S가 있습니다. 이 수치는 '날개 하중(Wing Loading)'이라고 하는데 날개 1㎡에 걸리는 무게를 나타냅니다. 점보제트기의 경우 약 690㎏으로, 날개 1㎡에 체중 60㎏인 사람이 12명 정도 탈 수 있다고 하네요. 날개가 아주 튼튼해야 된다는 것을 알 수 있겠지요.

이차 함수에서 발견한 카오스 현상

이차 함수

2차식 $y = ax^2 + bx + c(a \neq 0)$로 표시되는 함수.

그래프는 포물선이 된다.

이차 함수

$$y = -ax^2 + ax$$
$$= ax(1-x)$$

a = 4 라고 가정한다.

a가 작으면 카오스는 일어나지 않는다.

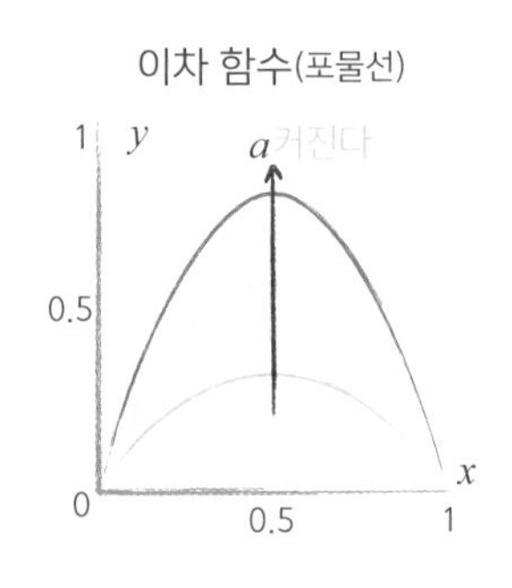

뉴턴 역학에서 벗어난 현상의 발견

투수에게 있어서 타자를 삼진으로 잡는 것은 아주 기분 좋은 일이겠지요. 그러나 쉽지 않은 일입니다. 공이 손에서 벗어나는 위치가 아주 조금만 빗나가도 공은 완전히 엉뚱한 방향으로 날아가 버립니다. 마찬가지로 골프의 티샷에서도 드라이버 페이스의 각도가 아주 조금만 어긋나도 공이 저 멀리 숲속으로 날아가 버립니다.

이러한 현상은 뉴턴의 '만유인력의 법칙'을 따르고 있습니다. 즉, 조금의 어긋남이 있건 없건 간에 모두 포물선에 가까운 궤도가 되는 것입니다.

● **이차 함수(포물선)에서 수열을 만드는 방법**

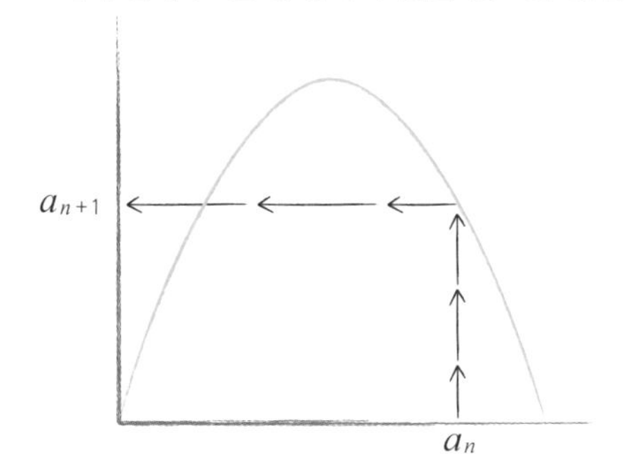

그러나 역학적인 관계가 있음에도 불구하고 미세한 차이로 궤도 자체가 극단으로 바뀌는 현상이 발견되었습니다. 1961년 겨울, 에드워드 로렌츠(Edward Lorenz)라는 뛰어난 수학 재능을 가진 기상학자가 MIT(매사추세츠 공과대학)의 진공관을 사용한 로열 맥비라는 컴퓨터로 기상 모델을 계산하고 있었습니다. 요즘처럼 대기의 움직임을 시각적으로 확인하는 것이 아니라 수치로만 계산하는 것이었지요.

로렌츠는 데이터를 자세하게 조사하기 위해 컴퓨터로 계산을 반복했습니다. 그런데 중간 단계에서 다시 계산을 시작했을 때 컴퓨터가 완전히 다른 결과를 내놓은 사실을 알게 되었지요. 이것이 미분방정식의 해의 카오스 현상을 발견한 일입니다. 원인은 처음 계산에서 '0.506127'이었던 수치를 '0.506'으로 생략해 입력한 것에서부터 비롯되었습니다. 겨우 '0.000127'의 차이 때문에 완전히 다른 기상 결과가 나온 것입니다.

즉, 아주 작은 대기 상태의 차이가 최종적으로 크게 다른 기상 현상을 만들어낸다는 의미가 됩니다. 이렇게 초깃값에 예민하게 좌우되는 현상도 오늘날의 기상 예보에서는 슈퍼컴퓨터를 사용해 예측할 수 있게 되었습니다.

이 현상을 수열로 실험해볼까요. 앞에서 나온 이차 함수에서 '0.3'과 '0.30001'을 대입해 반복해서 계산합니다.

$a_{n+1}=4a_n(1-a_n)$

$a_1=0.3$과 $a_1=0.30001$로 각각 계산합니다.

옆의 계산 결과를 통해 알 수 있듯 15번째 정도부터는 움직임이 전혀 다른 수열이 되어버립니다. 아주 가까운 두 점이 크게 달라지는 움직임을 보이는 것을 알 수 있을 것입니다. 이 이차 함수가 만들어내는 수열은 곤충의 개체 수 등을 예측하는 데에도 사용되고 있습니다.

0.3	0.30001
0.84	0.840016
0.5376	0.537556
0.994345	0.994358
0.022492	0.022441
0.087945	0.087748
0.320844	0.320192
0.871612	0.870677
0.447617	0.450396
0.989024	0.990158
0.043422	0.038982
0.166146	0.14985
0.554165	0.50958
0.988265	0.999633
0.046391	**0.001468**
0.176954	0.005863
0.582565	0.023314
0.972732	0.091083
0.106097	0.331147
0.379361	0.885955
0.941785	0.404155
0.219305	0.963255
0.684842	0.141579
0.863333	0.486136
0.471956	0.999231
0.996854	0.003073
0.012544	0.012254
0.049548	0.048415
0.188371	0.184283
0.611548	0.60129

매그니튜드 사용에 편리한 로그 공식

로그(log)

$log_a x$는 a를 몇 제곱하면 x가 되는지를 나타내는 식.

$log_2 8 = 3$

이 식은 2를 세제곱하면 8이 됨을 나타낸다.

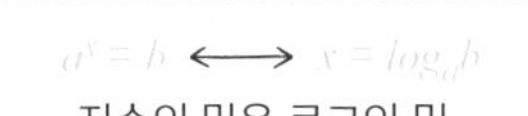

지수의 밑은 로그의 밑

$log_a 1=0$

$log_a a=1$ $\qquad log_a \frac{1}{a}=-1$

$log_a M+log_a N=log_a MN$

$log_a M-log_a N=log_a \frac{M}{N}$

$n\ log_a M=log_a M^n$

로그는 계산을 간단하게 한다

'로그'는 공식이 많아서 고등학교 수학 시간에 꽤 미움을 받고 있지요. 하지만 반대로, 공식이 많다는 것은 잘 기억하기만 하면 그만큼 쓸 만한 도구가 많이 있다는 말이기도 합니다.

그러면 누가 이 많은 공식을 만들었을까요? 16~17세기 스코틀랜드의 수학자이자 물리학자인 존 네이피어(John Napier)가 그중 한 사람입니다. 그는 곱셈 계산이 서툴렀기 때문에 '네이피어 막대'라는 계산 도구를 만들었습니다. 로그 역시 계산을 간단하게 하려고 만든 것이었습니다.

로그를 논할 때는 반드시 정의를 확실하게 해두어야 합니다. 로그를 잘 이해하지 못하는 사람은 대체로 정의를 제대로 익히지 않고 공식만을 외우려고 하는 경우가 많습니다. 로그의 정의는 간단합니다. 로그 $y=\log_a x$는 'a를 몇 제곱하면 x가 될까요?'라는 의미이며, 그 답이 y라는 뜻입니다.

그러면 연습을 조금 해볼까요. $\log_2 8$의 답은 무엇일까요? '2를 몇 제곱하면 8이 될까요?'라는 의미이므로 답은 3이지요. 즉, 거듭제곱의 계산입니다. 이런 계산은 초등학교 시절부터 해왔을 테니, 로그를 잘 이해하지 못하는 사람은 기본적인 연산 실력이 부족한 것이라고 볼 수 있습니다.

로그의 공식에서는 우변의 곱셈이나 나눗셈이 좌변에서는 덧셈과 뺄셈이 되기도 합니다. 네이피어는 곱셈이 덧셈으로 바뀌면 계산하기 쉬워진다고 생각했던 것 같습니다. 하지만 로그로 변환하는 것이 힘든 작업이라 쉽지는 않지요.

참고로 저의 학생 시절에는 막대를 움직여 곱셈을 하는 로그자라는 도구가 있었습니다. 이것도 로그를 응용한 계산 도구입니다.

▶ 큰 수가 되는 현상을 다루는 도구

로그 $\log_a x$에서 a를 로그의 '밑'이라고 합니다. 이 밑 a는 로그를 어디에 사용하는지에 따라 다양한 값으로 바뀝니다. 자주 사용되는 것은

a=10인데, **10을 밑으로 하는 로그를 상용로그라고 합니다.** 상용로그를 쓰면 $\log_{10}10=1$, $\log_{10}100000=5$, $\log_{10}100000000=8$과 같이 1억이라는 큰 수도 8이라는 간단한 수로 나타낼 수 있습니다.

그래서 큰 수가 되는 현상을 다룰 때는 상용로그를 사용하면 편리합니다. 예를 들어, 세계의 인구 70억이라는 수를 직접 다루기에는 무리가 있습니다. 인구와 관련해서는 상용로그를 사용해 계산하며, 상용로그는 일반적으로 $\log X$의 형태로 밑을 생략하고 씁니다.

상용로그를 쓰는 수치로는 지진 에너지의 크기를 나타내는 지진 규모 매그니튜드(magnitude)가 있습니다. 일본의 지진학자인 와다치 기요오가 최대 진도와 진앙까지의 거리를 기록한 지도를 만들었는데, 여기에서 힌트를 얻은 미국의 지진학자 찰스 리히터(Charles Richter)가 매그니튜드를 제안했습니다. 이 밖에도 지진 규모를 나타내는 몇 가지 방식이 있는데, 모두 상용로그를 사용하고 있습니다.

지진 규모는 지진 에너지와 로그 관계이므로 리히터의 식으로 표시하면 $MI=\log_{10}A$가 됩니다. 리히터 규모 MI는 우드 앤더슨 지진계의 최대 진폭 A를 진앙에서 100km인 지점에 둔 값으로 환산한 값의 로그입니다. 규모가 1 증가하면 진폭은 10배가 되고, 규모가 약 0.3 증가하면 진폭은 2배가 됩니다. 즉, 규모가 조금만 증가해도 지진의 에너지는 급격히 증가한다는 것입니다. 현재의 규모는 리히터 규모에서 개선된 값을 쓰고 있지만, 그 기본은 같은 로그를 사용한답니다.

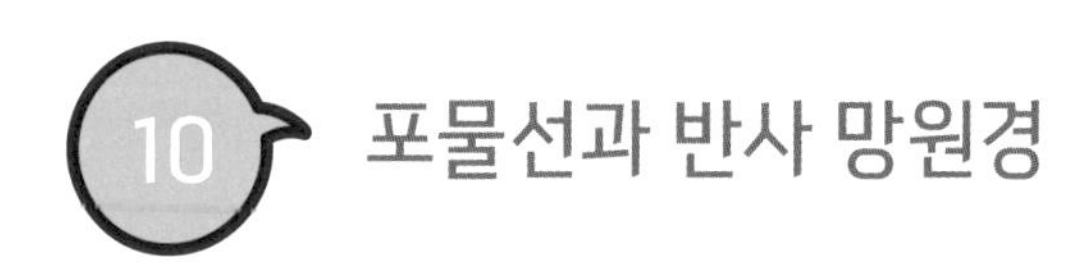

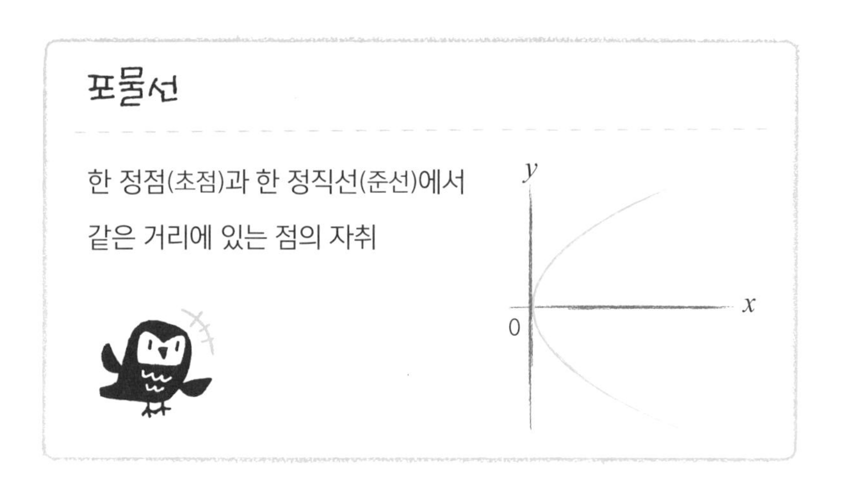

▶ 포물선의 성질

앞에서 지구의 공전 궤도는 타원이며, 두 개의 초점 중 한쪽에 태양이 있다고 했지요. 세 가지 2차 곡선(타원, 쌍곡선, 포물선)을 궤적으로 정의할 때 모두 초점이 있습니다.

다음 페이지의 그림을 봅시다. 점 F가 초점, 직선 l이 준선입니다. 공전 궤도가 타원인 지구와 달리, 혜성은 어떤 이유로 태양의 중력권에 들어가면 포물선 궤도 위로 올라가 버리는 경우가 있습니다. 그렇게 되면 한 번은 태양에 가까워지지만, 그다음은 우주 저편으로 날아가 두 번 다시 돌아오지 못합니다.

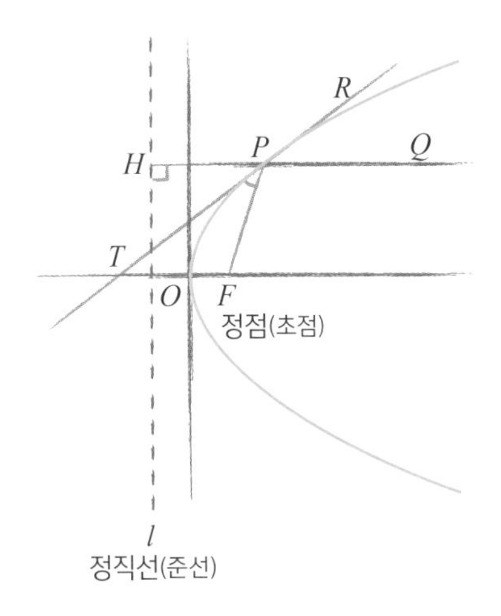

초점이라는 말을 들으면 떠오르는 것이 없나요? 돋보기 등의 볼록렌즈를 통해 빛이 모이는 한 점을 **'초점'**이라고 합니다. 또, 렌즈에서 초점까지의 거리를 **'초점거리'**라고 하지요.

같은 용어를 사용하는 데는 그 나름대로 이유가 있습니다. 포물선인 반사경(포물면경)에 평행으로 들어오는 빛은 반사되어 초점에 모입니다. 이 '초점'은 포물선을 궤적으로 하여 정의했을 때의 '초점'과 같습니다. 그리고 포물면경의 정점과 초점과의 거리가 초점거리입니다.

한 점에 빛이 모이는 현상에 대한 자세한 증명은 생략하지만, 어떻게 빛이 반사되는지는 위의 그림과 같습니다. 평면경에 반사하는 빛은 입사각과 반사각이 같아집니다. 포물면경에서는 반사하는 거울이 곡선이므로 빛이 닿는 점의 접선에서 입사각과 반사각을 고려합니다. 그 접선에 빛이 닿아 반사한다고 하지요. 그림에서는 ∠QPR=∠FPT가 입사각과 반사각의 관계를 나타냅니다. 이 관계가 포물면경에 평행으로 들어오는 빛 전체에 성립합니다. 다시 말해 평행선은 반드시 포물면경에 반사된 후에 초점 F에 모이게 됩니다. 바로 포물면경의 이러한 성질을 이용해 만든 것이 반사 망원경입니다.

굴절 망원경과 반사 망원경의 차이

● **반사 망원경의 구조**

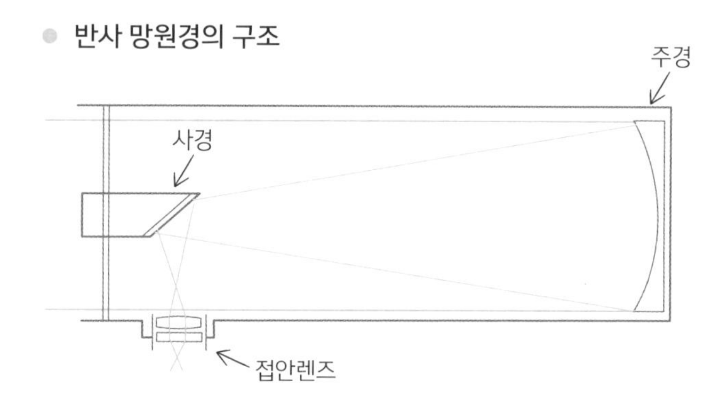

망원경에도 다양한 종류가 있습니다. 굴절 망원경은 빛이 대물렌즈를 통과해 초점에 모이는 것입니다. 따라서 빛이 렌즈 자체를 지나가기 때문에 렌즈의 재질인 유리는 균일하고 투명도도 높아야만 합니다. 그런 렌즈를 만들기 위해서는 엄청난 비용이 들지요. 또, 두꺼운 재질의 렌즈를 일정한 온도를 유지하여 팽창하거나 축소되지 않게 하는 것도 어려운 일입니다.

그에 반해 포물면경으로 반사경을 만들면 유리 속으로 빛이 통과하지 않습니다. 정확한 포물면을 만들고 거기에 균일한 도금을 펴 발라 반사경을 만들면 됩니다. 물론 그것도 쉬운 일은 아니지만 두꺼운 볼록렌즈보다는 간단하고 싸게 만들 수 있습니다.

게다가 초점거리와 접안렌즈로 배율이 정해진다는 사실을 이용하면 렌즈 또는 반사경의 지름을 크게 하는 것으로 초점거리도 길어집니다.

- 굴절 망원경=(대물렌즈의 초점거리÷접안렌즈의 초점거리)
- 반사 망원경=(주경의 초점거리÷접안렌즈의 초점거리)

즉, 반사 망원경이 굴절 망원경보다 같은 지름의 주경을 싸게 만들 수 있어 커다란 망원경을 만들기 쉬워집니다. 반사 망원경에 이런 이점도 있었네요.

여담이지만, 파라볼라 안테나도 초점에 전파가 모이도록 만들어져 있습니다. '파라볼라(parabola)'라는 말은 포물선이라는 의미랍니다.

PART 5

그 유명한 정리는 정말 쓸모가 있을까?

페르마의 정리가 수학에서 이룬 것

페르마의 마지막 정리(대정리)

3 이상의 자연수 n에 대해 $x^n + y^n = z^n$이 되는

자연수 (x, y, z) 쌍은 존재하지 않는다.

페르마의 소정리

소수 p를 법(mod)이라고 가정한다.

이때 p와 서로소인 정수 r에 대해 $r^{p-1} \equiv 1 \pmod{p}$가 성립한다.

페르마의 정리는 어디에 쓸까?

페르마라고 하면 역시 대부분의 사람은 마지막 정리(대정리)를 떠올리겠지요. 대정리가 있다는 말은 곧 '페르마의 소정리'도 있다는 뜻이 됩니다. 가끔 대학 입시에 출제되기도 합니다.

두 가지 정리 모두 정수론 이야기로, 일반적으로 익숙하지는 않지요. 특히 마지막 정리는 현재 응용되는 곳도 거의 없다고 합니다.

그러면 왜 이렇게 '페르마의 마지막 정리'가 주목을 받았을까요? 그것은

'간단할 것 같은데 증명할 수 없기 때문'이라고 밖에 생각할 수 없네요.

만약 페르마의 마지막 정리에서 n이 2라면 피타고라스의 정리가 됩니다. $x^2+y^2=z^2$을 만족하는 x, y, z는 피타고라스의 정리를 만족하는 3개의 자연수(피타고라스 수)인데, 고대 메소포타미아 문명 시절부터 많이 발견되었지요. 하지만 2가 3 이상으로 바뀌면 이 식을 만족하는 자연수는 없습니다. 아주 단순해 보이는데 많은 수학자의 도전에도 불구하고 증명되지 못했습니다.

만약 정리가 옳고, 그런 자연수가 존재하지 않는다고 밝혀지면 이 정리를 어디에 사용할까요? 아쉽지만 도움이 될 만한 일이 거의 없습니다. '○○가 존재한다'라는 정리라면 그것을 사용해서 무엇인가 가능한 일이 있을지도 모르겠지만, '존재하지 않는다'라고 하면 할 수 있는 일이 없습니다.

실용적이지는 않더라도 페르마의 마지막 정리에는 신비한 매력이 있었나 봅니다. 이 마지막 정리를 증명하기 위해 다양한 연구가 계속되었습니다. 예를 들어 '대수기하학', '타원 곡선' 등의 분야가 발전했습니다. 물론 마지막 정리를 증명하기 위해서만 발전한 것은 아니었지만, 그것이 하나의 동기가 되었던 것은 확실하지요. 실제로 페르마의 마지막 정리는 대수기하와 타원 곡선 이론을 이용하여 증명되었답니다.

페르마의 진짜 힘

어떤 역할을 맡았던 배우는 계속 그 배역의 이미지가 따라다니기 마련이지요. 페르마도 일반적으로는 '페르마의 마지막 정리'를 제시한 사람이라는 이미지가 따라다니지만, 사실 그것이 다는 아닙니다. 알고 보면 그는 평소에 우리가 많은 신세를 지고 있는 업적을 남긴 인물입니다. 그 사실이 세상에 많이 알려지지 않은 것은 저작물이 거의 없기 때문입니다. 그의 업적을 알기 위한 수단은 편지 정도밖에 남아 있지 않습니다.

페르마는 도대체 어떤 인물이었을까요? 피에르 드 페르마(Pierre de Fermat)는 남프랑스 툴루즈 근방의 보몽 드 로마뉴라는 마을에서 1601년에 태어났습니다. 툴루즈의 대학에서 법학을 공부하고 1631년에 툴루즈 의회의 법관 자리에 올랐습니다. 당대의 의회는 지금의 재판소에 해당하는데 페르마는 죽을 때까지 그 일을 하고 1665년에 사망했습니다.

동시대의 천재로 데카르트(René Descartes)가 있었지만, 수학적으로는 페르마 쪽이 성과가 더 높았다고 할 수 있습니다. 데카르트도 페르마도 '좌표'를 도입했고, 그에 따라 도형을 식으로 표현할 수 있게 되었습니다. 예를 들어 원을 식으로 나타내면 $x^2+y^2=1$과 같은 2차식이 됩니다. 거꾸로 $x^2+y^2=1$을 좌표 위에 그리면 원이 됩니다.

도형을 식으로 나타내는 연구를 '해석기하학'이라고 부릅니다. 좌표를 만든 사람은 데카르트라고 알려졌지만, 페르마도 독자적으로 좌표를 만들어 곡선 연구를 했습니다.

또, 페르마는 미분에 대해서도 획기적인 진보를 이루어냈습니다. 그래프의 봉우리나 골짜기 부분을 구하는 데에 접선을 이용한 것이지요. 이것은 요즘의 고등학생들이 배우는 것과 같은 방법으로 '미분은 접선의 기울기, 적분은 면적'이라는 개념을 가지고 있습니다. 좌표를 사용하는 방법과 함께 생각하면 페르마가 근대적인 미적분 탄생의 토대를 만들었다고 볼 수 있습니다.

그 후, 페르마의 뒤를 이은 사람이 뉴턴이었지요.

그래프 이론과 오일러의 한붓그리기

한붓그리기 판정법

어떤 연결 그래프가 한붓그리기가 가능한 경우의 필요충분조건은 아래의 조건 중 하나가 성립하는 것이다.

· 모든 점의 차수(점에 이어지는 선의 수)가 짝수

· 차수가 홀수인 점이 두 개이고, 나머지의 점의 차수는 모두 짝수

오일러는 이 문제를 아래의 그래프에 적용해 연구했다.

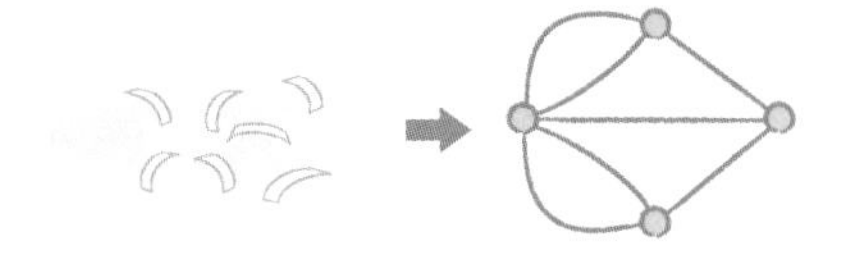

그래프 이론의 새로운 시작

오래전에 쾨니히스베르크라는 도시가 있었습니다. 지금은 칼리닌그라드라고 부르는 옛 동프로이센의 오래된 마을입니다. 마을 중심을 흐르는 프레겔 강은 강 중앙의 크네이포프 섬을 포함하여 마을을 네 구역으로 나누고 있었습니다.

이 강에는 다리가 일곱 개 놓여있었습니다. 마을 사람들은 다리를 한

번씩만 지나서 모든 다리를 다 건너는 산책 경로가 있을지 궁금해했는데, 아무도 발견하지 못하고 있었습니다. 결국 그런 루트는 없다고 생각하는 사람들이 나오기 시작했지요. 그 주장을 수학적으로 증명한 사람이 오일러입니다.

레온하르트 오일러(Leonhard Euler)는 스위스의 뛰어난 수학자였습니다. 러시아 아카데미에 초대되어 상트페테르부르크에서 많은 논문을 쓰며 지내고 있었지요. 논문에 너무 몰두한 나머지 시력을 잃었을 정도였습니다.

1736년, 그가 쓴 많은 논문 중의 하나가 쾨니히스베르크의 다리 문제를 해결해주었습니다. 이때, 오일러는 '이것은 새로운 기하학의 탄생이다'라고 말했다고 하지요. 그때까지의 기하학은 길이를 조사하거나 넓이를 계산하는 것이 중심이었거든요. 그는 오늘날 '위상기하학'이라 불리는 분야를 머릿속에 그렸던 것 같습니다.

오일러의 논문은 그래프 이론(4색 문제에서도 등장)에 가까운 기하학을 연구한 것이었습니다. 장소의 연결성만을 고려하고 넓이는 신경 쓰지 않았습니다. 실제로 이것이 그래프 이론에 관한 최초의 논문으로 인정됩니다. 수학에서 발생이 확실히 알려진 분야는 그리 많지 않은데, '그래프 이론은 오일러의 논문에 의해 시작되었다'라고 분명하게 인정되고 있습니다.

위대한 오일러의 풀이 방법

쾨니히스베르크의 다리와 강으로 나누어진 각 구역은 앞에 언급한 '그래프'라고 불리는 도형으로 나타낼 수 있습니다. 넓이는 상관없으므로 각 지역은 점으로 표시하고, 다리는 그 점을 잇는 선으로 나타냅니다.

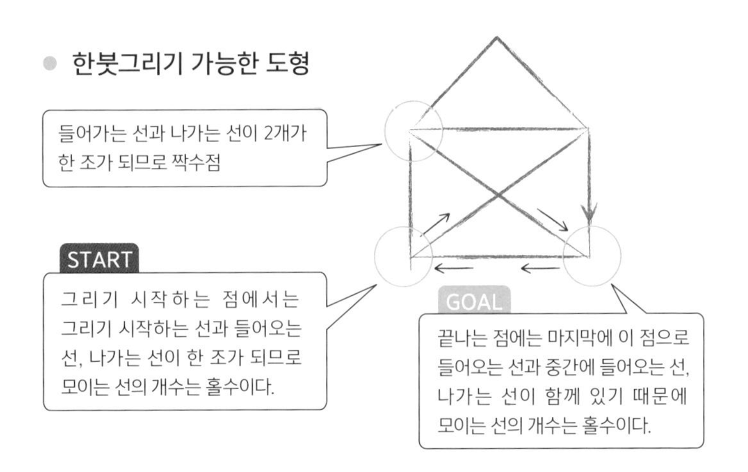

모든 다리를 한 번씩만 통과해 건넌다는 것은 이 그래프를 한붓그리기 하는 것과 같습니다. 한붓그리기가 성립하는 조건은 그다지 어렵지 않습니다. 점에 접속하는 선의 수를 따지면 됩니다. 참고로 점은 몇 번 지나가도 상관없습니다.

연결된 선의 개수가 짝수 개이면 **'짝수점'**, 홀수 개이면 **'홀수점'**이라고 합니다.

한붓그리기를 할 때는 어떤 점으로 들어오면 같은 길을 통과하지 않고 나가야 합니다. 각 점에 들어오는 선과 나가는 선은 한 조가 되어야만 합니다. 즉, 한붓그리기가 가능하다면 점에 연결되는 선은 짝수여야만 합니다. 선이 홀수로 모여있어도 되는 곳은 들어가는 선과 나가는 선 이외에 그리기 시작하는 선(또는 마지막으로 끝나는 선)이 하나 더해질 때입니다. 만약 시작점이 끝점과 겹칠 때는 이 점도 짝수점이 되겠지요. 시작점과 끝나는 점이 일치하지 않을 때만 시작점과 끝점 두 개의 점만 홀수점이 됩니다.

따라서 한붓그리기의 가능 여부는 '그래프가 홀수 점을 가지고 있지

● **한붓그리기 불가능한 도형**

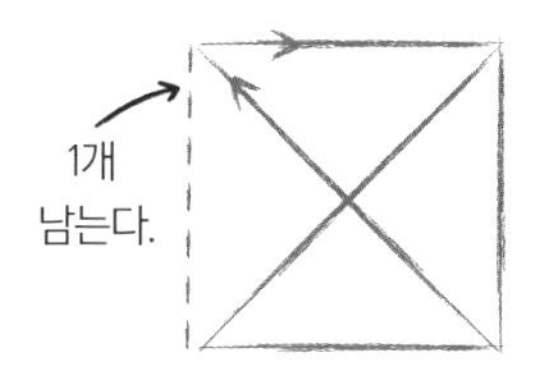

한붓그리기는 한 점에 들어가면 반드시 나가야 한다. 예외는 시작점과 끝점뿐이다. 이 도형은 들어가는 선과 나가는 선 외에 선이 하나가 더 있는 홀수점이 4개 있으므로 한붓그리기가 불가능하다.

않은지, 가지고 있다면 딱 2개만 있는지'에 따라 결정됩니다. 쾨니히스베르크의 다리는 4개의 점이 모두 홀수점이므로 한붓그리기는 불가능합니다. 현대로 와서 그래프 이론은 한붓그리기뿐만 아니라 컴퓨터 내부의 파일 시스템 연결 방법, 두뇌의 신경 섬유 뉴런의 결절 구조, 큰 빌딩 내의 배선 방법 등 다양한 분야에서 활용되고 있습니다. 4색 문제의 해결을 비롯해 여러 분야에서 응용되는 중요한 이론으로 자리를 잡아가고 있습니다.

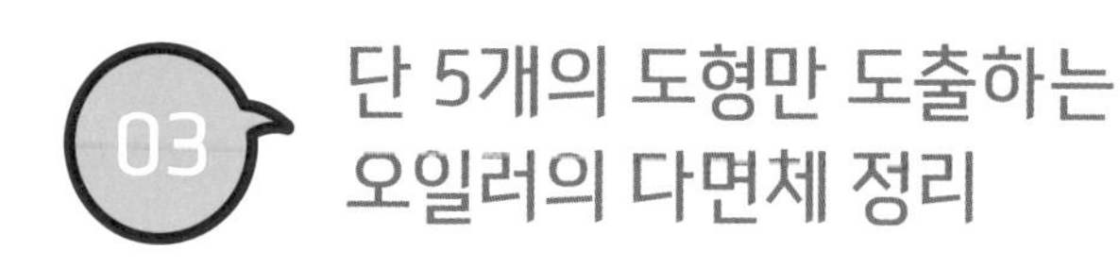

정사면체

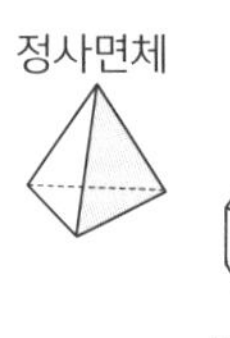

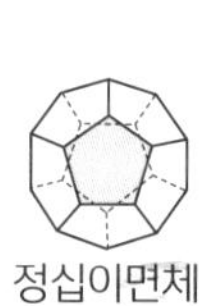

정십이면체

정육면체

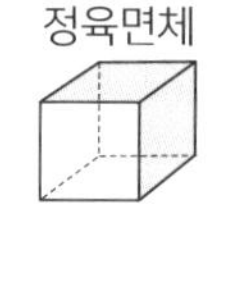

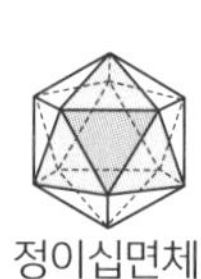

정이십면체

정팔면체

오일러의 다면체 정리

하나의 다면체의 꼭짓점 개수를 V, 변(모서리 또는 선)의 개수를 E, 면의 개수를 F라고 하면 $V-E+F=2$이다.

▶ 신성한 다섯 가지 정다면체

입체 도형에는 다양한 종류가 있는데, 그중 정다면체는 아주 반듯한 모양으로 생겼습니다. 대칭성이 높은 구조는 생물이 앞으로 나아가는 데 균형을 잘 잡을 수 있게 하므로 우리가 본능적으로 대칭성을 중요하게 여기는 것은 당연한 일일 것입니다.

정다면체의 정의는 다음 세 가지입니다. 일반적으로 세 번째 조건은 정의에 넣지 않지만, 움푹 들어간 다면체도 있기 때문에 만약을 위해 넣어

두겠습니다.

1. 모든 면이 합동인 정다각형으로 만들어져 있다.
2. 모든 꼭짓점에 모이는 변의 수는 같다.
3. 볼록다면체이다.

이 정의들에서 도출되는 정다면체는 다섯 개밖에 존재하지 않습니다. 기원전 3세기에 이미 다섯 개 모두 판명되었던 것 같은데, 플라톤학파인 테아이테토스(Theaitetos)나 피타고라스에 의해 증명되었을 것이라고 추측됩니다. 다섯 개밖에 없다는 사실도 정다면체를 특별하게 여기는 이유가 되었겠지요.

플라톤은 다섯 개의 정다면체를 매우 중요하게 생각해 당시에 세상을 구성한다고 여기던 네 가지 원소에 대응시켰습니다. 그중 정십이면체는 특별히 우주와 대응시켰습니다.

케플러도 정다면체가 다섯 개인 사실을 근거로 태양계에 행성이 다섯 개 있다고 주장했습니다. 물론 그것은 사실이 아니지만, 정다면체를 얼마나 신성한 모양으로 여겼는지를 알려주는 이야기입니다.

정다면체의 수를 증명해보자

고등학교에서 배우는 정수의 성질과 오일러의 다면체 정리를 사용하여 정다면체가 다섯 개밖에 없다는 사실을 증명해볼까요. 이 정리는 다면체의 면과 변, 꼭짓점의 개수에 관한 것입니다. 실제로 그려서 세어보면 알 수 있으니 꼭 간단한 다면체로 직접 확인해보기 바랍니다. 정다면체는 그 정의에서 면을 만드는 변의 수, 다시 말해 정M각형의 M과 하나의 꼭짓점에 보이는 변의 수 N을 정하면 도출됩니다.

그러면 증명해볼까요. 한 다면체의 꼭짓점 개수를 V, 변의 개수를 E, 면의 개수를 F라고 하면 다음 방정식이 성립합니다.

$V-E+F=2$ …… ⑴

이것을 정다면체에 대해 적용합니다. 정다면체를 만드는 하나의 면(정M각형)에는 변이 M개 있습니다. 변이 M인 면이 F장 있으므로 MF라고 하면 두 면이 공유하는 하나의 변을 두 번 세는 것이 됩니다. 따라서 변의 수에 대해 다음의 식이 성립합니다.

$MF=2E$ …… ⑵

하나의 변에는 두 개의 꼭짓점이 있습니다. V개 꼭짓점이 있고, 거기에 N개의 변이 모이므로 VN은 전체 변의 수의 2배가 됩니다. 따라서 다음 식이 성립합니다.

$NV=2E$ …… ⑶

⑵⑶에서 F와 V를 E, M, N으로 표시하면 다음과 같습니다.

$$F=\frac{2E}{M},\ V=\frac{2E}{N}$$

이 식을 ⑴에 대입하면

$$\frac{2E}{N}-E+\frac{2E}{M}=2$$

이 식의 양변을 E로 나누면

$$\frac{2}{N}+\frac{2}{M}-1=\frac{2}{E}\quad\therefore\frac{2}{N}+\frac{2}{M}=1+\frac{2}{E}$$

$\frac{2}{E} > 0$이므로

$\frac{2}{N}+\frac{2}{M} > 1$

양변에 MN을 곱하면

$2M+2N > MN$

$MN-2M-2N < 0$

이 부등식을 만족하는 자연수 M과 N을 모두 구하면 됩니다. 이것은 고등학교 교과서에 나오는 정수의 성질을 사용하면 구할 수 있습니다. 먼저 좌변을 인수분해 형태인 (M-2)(N-2)로 변형합니다. 이때 좌변이 4만큼 커지므로 우변에도 4를 더해줍니다. 그러면 다음 식이 됩니다.

$(M-2)(N-2) < 4$ …… (4)

M은 정M각형의 M이므로 3 이상입니다. N은 정다면체의 꼭짓점에 모이는 변의 수이므로 N도 3 이상입니다. 이 조건을 만족하는 M, N 중에서 (4)의 부등식을 만족하는 짝을 구합니다. 그렇게 많은 조합은 아니므로 하나씩 확인해보면 아래와 같은 표가 됩니다.

M	3	3	3	4	5
N	3	4	5	3	3
$M-2$	1	1	1	2	3
$N-2$	1	2	3	1	1
$(M-2)(N-2)$	1	2	3	2	3

이 표에서 구할 수 있는 M과 N의 조합은 다음과 같습니다.

$(M, N)=(3, 3)$, $(3, 4)$, $(3, 5)$, $(4, 3)$, $(5, 3)$

이 M, N의 짝과 앞에 있는 정다면체의 그림을 보면 어떻게 대응하는지는 금방 알 수 있겠지요. 순서대로 정사면체, 정팔면체, 정이십면체, 정육면체, 정십이면체입니다. 정다면체가 이것밖에 없다는 것이 저도 조금 신기하네요.

만능 증명은 존재하는가?

증명

어떤 명제가 참이라는 것을 몇 가지 공리에서 논리적으로 끌어내는 것

철학자 아리스토텔레스의 증명

하나의 사고방식만으로 세상을 이해하려고 하면 대부분의 경우는 실패합니다. 때로는 종교단체의 교리에도 자기 모순되는 이야기가 쓰여있기도 합니다.

피타고라스학파의 교리인 '만물은 수로 이루어져 있다'는 바로 피타고라스의 정리로 무너지고 말았습니다. 여기에서 수라는 것은 자연수와 그의 비(2/3이나 5/6과 같은 분수)를 가리킵니다. 즉 '만물은 수로 이루어져 있다'가 옳다고 한다면, 세계는 자연수와 분수로만 이루어져 있어야 합니다.

하지만 피타고라스의 정리에 의하면 삼각형의 변에는 $\sqrt{2}$ 나 $\sqrt{3}$ 도 있습니다. 이것은 자연수의 비로 나타낼 수 없는 무리수입니다. 무리수는 소수점 이하에 규칙성이 없는 수가 무한히 계속됩니다. 즉, 길이를 정확하게 잴 수 없는 수라는 것이지요. 그래서 옛날 건축 일을 하던 사람들은 길이가 무리수인 도형을 사용하기를 꺼렸습니다.

처음으로 자연수의 비(분수)로 표현할 수 없는 수가 있다는 것을 깨달은 것은 누구였을까요? 그것을 증명한 사람은 그리스의 철학자 아리스토텔레스입니다. 그의 증명대로는 표현이 어려우므로 그것과 같은 방법을 사용한 고등학교 교과서에 나오는 증명을 소개하겠습니다.

'$\sqrt{2}$는 무리수이다'를 증명하려면 '무리수이다'라는 결론을 부정하여 $\sqrt{2}$를 유리수라고 가정합니다. 유리수라면 $\sqrt{2}$를 자연수의 비, 다시 말해 분수로 표현할 수 있다는 말이 되지요.

$$\sqrt{2}=\frac{m}{n}\text{(m, n은 자연수이며 서로소이다.)} \cdots\cdots (1)$$

여기서 **'서로소'**라는 단어가 등장하네요. 서로소란 **m, n의 공약수가 1밖에 없다**는 의미입니다.

결론을 부정했으니 다음은 모순을 밝혀볼까요.

(1)의 양변을 제곱합니다.

$$\frac{m^2}{n^2}=2 \quad \therefore m^2=2n^2 \cdots\cdots (2)$$

n^2의 2배와 같다는 말은 m^2이 짝수라는 말이 됩니다. 제곱해서 짝수가 되는 수는 짝수이지요. 따라서 m은 짝수가 됩니다. 짝수는 자연수의 2배이므로 자연수 k에 대해 m=2k로 나타낼 수 있습니다. 이 식을 (2)에 대입하면

$$(2k)^2=2n^2 \quad \therefore 4k^2=2n^2 \quad \therefore 2k^2=n^2$$

따라서 n은 짝수가 됩니다. 그러면 m도 n도 짝수가 되어 공약수 2를 가지지요. 이것은 m과 n이 공약수가 1뿐이라는, 다시 말해 서로소라는 조건에 모순됩니다.

이렇게 하여 $\sqrt{2}$가 무리수라는 것을 알 수 있습니다.

귀류법의 한계

아리스토텔레스의 위 증명은 귀류법을 사용하고 있습니다. 그러나 증명 자체가 너무 추상적으로 정리되어 있어, 아리스토텔레스를 무리수의 발견자라고 하기는 다소 무리가 있습니다. 그동안 앞서 연구한 사람들에게 영향을 알게 모르게 받았기 때문입니다. 사실 무리수를 발견한 사람은 피타고라스학파의 히파소스(Hippasos)로 알려져 있습니다. 참고로 그의 증명은 도형을 사용한 것이었습니다. **귀류법**이라는 증명법은 수학에서 매우 강력한 수단입니다. **결론을 부정하여 모순을 끌어내면, 앞에서 결론을 부정한 것이 잘못되었고, 원래의 결론이 참이 된다**는 사실을 밝히는 것이지요. 여기에 수학적 논리의 특징이 있습니다. 그것은 '참'이든 '거짓'이든 어느 한쪽으로 정해질 수밖에 없다는 것입니다. '거짓이라고 가정하여 모순이 나오면 원래의 명제는 참이 된다'라는 것은 수학의 논리적 한계라고 할 수 있습니다.

현실 세계에서 참과 거짓은 그 시대의 사회 정세로 인해 바뀌기도 하고, '별로 옳지 않지만, 지금은 이렇게 할 수밖에 없군' 하고 정해지는 참과 거짓의 중간 단계도 있습니다. 하지만 수학에서는 참과 거짓 사이에 완벽한 선이 그어져 그 경계가 너무나 분명합니다. 현실 사회에서 이런 일은 별로 없지요. 가령 '인플레이션의 시대'라고 해도 가격이 내려간 물건이 있기도 한 것처럼 말입니다.

OECD가 정한 인플레이션의 정의는 모든 물가가 2년간 상승하는 것이지만, 실제로 그렇게 되는지 조사하는 것 자체가 어려운 일이지요. 수학의 논리와 현실 상황은 반드시 일치하지는 않습니다. 수학에서 참과 거짓을 판단하더라도 그것을 현실 세계의 진위 판단으로 쓸 수 있을지는 알 수 없습니다.

사람들은 흔히 수학 전문가가 이론만 앞세운다고 하지만, 저는 그렇게 생각하지 않습니다. 수학은 사실과 현상을 함께 다루기 때문에 이론만 내세우는 사람에게 수학은 맞지 않습니다. 이론만이라면 누구든지 쉽게 알 수 있겠지만, 사실이 얽혀있으면 이론만으로는 이해할 수 없습니다. 현실을 직접 파악하는 능력이 필요하게 됩니다. 실제로 제 주변의 수학자들 중에 이론만 따지는 사람은 없답니다.

귀류법은 '$\sqrt{2}$는 무리수이다'와 같은 성질을 밝히는 증명에는 아주 유용합니다. 하지만 20세기가 되어 커다란 벽에 부딪혔습니다. 어떤 함수의 존재를 증명할 때 귀류법을 사용한다고 가정해볼까요. 존재를 부정하여 모순을 끌어내고 함수의 존재를 증명합니다. 하지만 이 증명법에서 함수는 어디에 존재하는 걸까요? 귀류법으로는 알 수가 없습니다.

어떤 존재를 증명하려면 그 존재가 필요한 법입니다. 그것이 없으면 존재하지 않는 것과 마찬가지입니다. 특히 '이런 함수를 원한다'고 할 때는 그 함수를 만드는 것이 포인트입니다. 귀류법으로는 할 수 없는 일이지요. 강력해 보이는 증명법이라도 사용할 수 있는 범위가 정해져 있습니다. 어디에나 쓸 수 있는 만능 증명 같은 것은 없다는 말이겠지요.

무한개의 수를 한 번에 증명할 수 있는 수학적 귀납법

수학적 귀납법

자연수에 관한 명제 $P(n)$이 모든 n에 대해 성립함을 증명하는 방법

1. $P(1)$이 성립함을 보여준다.
2. 임의의 자연수 k에 대해 $P(k) \Rightarrow P(k+1)$이 성립함을 보여준다.
3. 1과 2에서 임의의 자연수 n에 관해 $P(n)$이 성립한다고 결론 내릴 수 있다.

모두가 싫어하는 '수학적 귀납법'

귀류법과 마찬가지로 '수학적 귀납법'도 고등학교 수학에서 미움 받는 영역 중 하나입니다.

대부분의 정리는 무한개 존재하는 것에 대한 성질을 나타냅니다. 하나하나 대응시키고 있으면 죽을 때까지 다 증명하지 못하겠지요. 예를 들면, 하나의 이등변삼각형에만 해당하는 정리는 다른 이등변삼각형에는 적용할 수 없습니다. 모든 이등변삼각형에 성립하는 성질을 이용하여 증명해야만 하지요.

마찬가지로, 무한개의 수에 대해 아래의 (P)와 같은 공식을 한 번에 증명하려면 어떻게 해야 할까요? 이 식에 있는 것은 홀수의 덧셈뿐입니다. 증명에 덧셈만을 사용한다고 하면 이 식이 모든 홀수에 대해 성립하는지 계속해서 확인해야만 합니다. 유한의 시간 동안 살아가는 사람이 무한한 자연수에 대해 (P)의 등식을 증명하는 것은 영원히 불가능한 일이지요. 그럴 때일수록 **'수학적 귀납법'**은 아주 유용합니다.

홀수의 합

자연수 n에 대하여 다음의 식이 성립한다.

$(P)\ 1 + 3 + \cdots + (2n - 1) = n^2$

(P)를 증명

(Ⅰ) $n = 1$인 경우

(P)의 좌변 = 1이고 (P)의 우변 $= 1^2 = 1$

그러므로 $n = 1$일 때 (P)가 성립한다.

(Ⅱ) $n = k$인 경우 (P)가 성립한다고 가정한다.

다시 말해 $1 + 3 + 5 + \cdots + (2k - 1) = k^2$이 성립한다고 가정한다.

이때, $n = k + 1$의 경우를 보면

$1 + 3 + 5 + \cdots + (2k - 1) + (2k + 1)$

$= k^2 + (2k + 1)$

$= (k + 1)^2$

그러므로 $n = k + 1$일 때도 (P)가 성립한다.

이상 (I)와 (II)에서 수학적 귀납법에 의해 모든 자연수 n에 대해 (P)가 성립한다.

그렇다면, 수학적 귀납법으로 증명하면 왜 모든 자연수에 대해 증명한 것이라고 할까요? 수학적 귀납법의 제1단계는 정리가 성립하는 가장 작은 자연수에서 시작합니다. 예를 들어, n=1일 때 등식이 성립함을 증명한 후에 모든 자연수 k에 대해 'n=k일 때 (P)가 성립한다면, n=k+1일 때도 (P)가 성립한다'라는 사실을 증명합니다. 모든 자연수 중에서 하나의 k를 골라 가정합니다.

수학적 귀납법은 도미노 게임

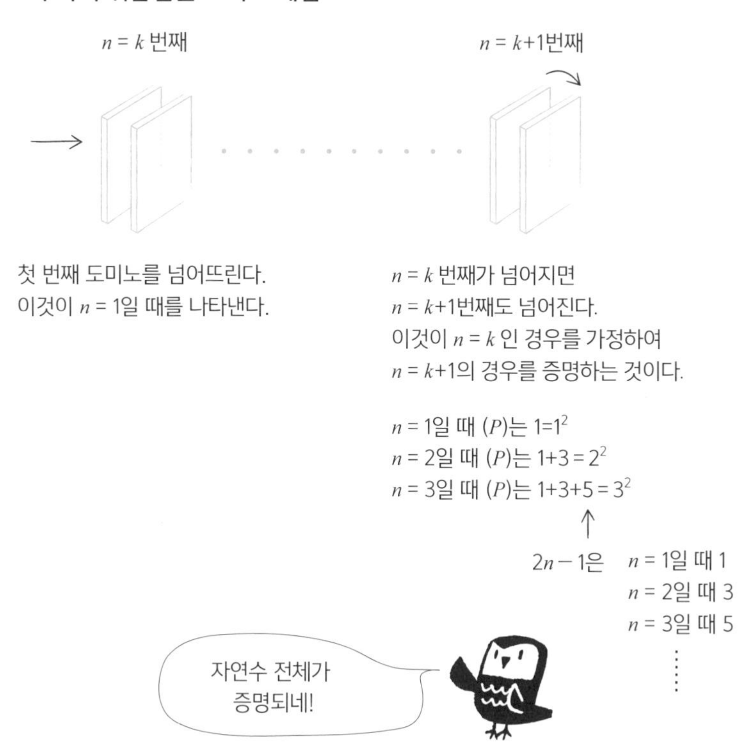

'모든 자연수 k 중에서 하나를 골라, n=k에 대해서 정리가 성립하면 n=k+1일 때도 정리가 성립한다.'

이 말은 어디까지나 하나의 자연수 k에 대해서 정리가 성립한다는 말이지, 모든 자연수 k에 대해 동시에 정리가 성립한다고 가정하는 것이 아닙니다.

하나의 n=k에 대해 정리가 성립한다고 가정하면, 다음 수 n=k+1에 대해서도 정리가 성립한다는 것을 증명하고 있습니다. 즉, '어느 자연수 k

를 고르더라도 k의 경우에서 k+1의 경우가 증명됩니다' 하고 말하는 것이지요. 정리의 결론을 사용하는 것은 아닙니다.

이것이 증명되면 뭐가 좋을까요? 제1단계에서 n=1일 때 정리가 성립함을 알 수 있습니다. 그러면 n=1일 때 성립하기 때문에 제2단계에서 k=1이라고 하면 k+1일 때도 정리는 성립하겠지요. 그러면 k=2일 때도 정리가 성립합니다. 그다음, k=2일 때 정리가 성립한다고 하면 k=3일 때도 정리가 성립하게 됩니다.

이러한 반복이 끝없이 이어지기 때문에 자연수 전체에 대해 증명되었다고 할 수 있겠네요. 무한히 이어지는 도미노의 예와 같이, 가장 앞에 있는 도미노를 넘어뜨리면 뒤에 있는 모든 도미노가 넘어지겠지요.

수에서 가장 간단한 구조인 자연수에도 무한개의 요소가 있습니다. 인간이 그것을 다루려면 무한의 반복을 계속 이어갈 수단이 필요합니다. 그것이 '수학적 귀납법'입니다.

수학에서는 다루는 대상을 반드시 정의합니다. 자연수도 '○○를 자연수라고 합니다' 하고 약속한 것입니다. 사실 자연수의 정의 중에 '수학적 귀납법이 성립한다'를 의미하는 내용이 있습니다. 다시 말해, 수학적 귀납법이 성립하는 수가 자연수라는 것입니다. 자연수는 모순을 일으키지 않는다는 증명이 되어있으므로 안심하고 수학적 귀납법을 사용해도 괜찮습니다. 수학적 귀납법은 자연수의 성질 속에 이미 깊이 자리 잡고 있는 증명 방법입니다.

내가 사랑한 수학 이야기

1판 1쇄 찍은날 2018년 3월 14일 | **1판 3쇄 펴낸날** 2020년 6월 15일
지은이 | 야나기야 아키라 | **옮긴이** | 이선주 | **감수** | 김홍임

펴낸이 | 정종호 | **펴낸곳** | 청어람 e
책임편집 | 여혜영 | **디자인** | 이원우 | **마케팅** | 황효선 | **제작·관리** | 정수진
인쇄·제본 | (주)에스제이피앤비

등록 | 1998년 12월 8일 제22-1469호
주소 | 03908 서울시 마포구 월드컵북로 375, 402
전화 | 02-3143-4006~8 | **팩스** | 02-3143-4003
이메일 | chungaram@naver.com | **블로그** | chungarammedia.com

ISBN 979-11-5871-065-1 04400
ISBN 979-11-5871-056-9 (세트) 04400
잘못된 책은 구입하신 서점에서 바꾸어 드립니다. 값은 뒤표지에 있습니다.

이 도서의 국립중앙도서관 출판시도서목록(CIP)은 e-CIP 홈페이지(http://www.nl.go.kr/ecip)와
국가자료공동목록시스템(http://www.nl.go.kr/kolisnet)에서 이용하실 수 있습니다.
(CIP제어번호 : CIP2018005630)

청어람 e는 미래세대와 함께하는 출판과 교육을 전문으로 하는 청어람미디어의 브랜드입니다.
어린이, 청소년 그리고 청년들이 현재를 돌보고 미래를 준비할 수 있도록 즐겁게 기획하고 실천합니다.